JA債権回収
の実務

官澤綜合法律事務所 弁護士
東北大学法科大学院 教授
官澤里美

一般社団法人 **金融財政事情研究会**

はじめに

　私は、弁護士として30年以上にわたって宮城県内のJAの種々の相談や法的手続を受任してきていますが、そのなかでいちばん多いのが貸金等の債権回収の相談です。

　JAの債権回収の担当者から相談を受けていますと、債権回収のために何をしたらよいかわからず困っている例や、債権回収の基本的なことを怠ったために困っている例を見受けることがあります。

　JAの債権回収は、他の金融機関と異なり、対象とする債権が、通常の貸金にとどまらず、購買未収金や畜産購買貸越金、組合員口座貸越金など幅広く、対象とする財産も、不動産等にとどまらず、JAの貯金、出資金、共済と幅広いため、それを担当する職員は、他の金融機関以上に幅広い知識を求められます。ところが、以上のようなJAの債権回収の特殊性に言及しつつ、回収の方策をわかりやすく説明した書籍は見当たりません。

　そこで、本書は、JAの債権回収の基礎から具体的実務までを、基礎をわかりやすく説明したうえ、JA特有の問題も含んだ具体的設例をJA学園で研修を受けている雰囲気で考えてもらい、研修の先生である弁護士（T）と受講生（S）である担当職員の問答形式で理解する。そして、注意すべきポイントを40の勘所として標語化して頭に刻み込み、債権回収をミスなくスムーズに行えるようにしていただくために出版することとしたものです。

　また、本書ではいわゆる債権法改正による影響についても一部言及していますが、現在国会にて審議されている「民法の一部を改正する法律案（第189回国会閣法第63号）」につきましては、「改正民法案」と表記しています。また、改正民法案が成立し施行された場合における改正後の民法については「改正後民法」としています。

　本書がJAの債権回収のために少しでもお役に立てれば幸いです。

　2017年1月

官澤　里美

目　次

第1章　JAの債権回収の手続の概要

1　債権と財産の調査 …………………………………………… 2
2　調査結果に応じた回収方法の概要 ……………………… 3
　(1)　担保が十分な場合 ……………………………………… 3
　(2)　担保は不十分だが財産はある場合 …………………… 4
　(3)　財産がない場合 ………………………………………… 4

第2章　債権回収の基本

1　債権とは ……………………………………………………… 6
2　強制執行とは ………………………………………………… 7
3　債務名義とは ………………………………………………… 8
4　回収への対策の基本 ………………………………………… 8
　設例1　債権と回収への対策の基本を理解する ……………… 9
　　［勘所1］「当てにするな、債務者以外の、財産を！」
　　［勘所2］「本人の、自署を守れ、すべての書類！」

第3章　保証人

1　保証人の基礎と用語 ………………………………………… 16
2　保証人の抗弁権 ……………………………………………… 17
　(1)　催告・検索の抗弁権
　　――主債務者の財産に先に強制執行してくれといえるか？ ……… 17
　(2)　分別の利益
　　――保証人が数人いる場合に保証債務額は保証人の頭割りとい

　　　　えるか？ ………………………………………………………… 18
　　設例2　保証の基礎と注意点を理解する ……………………………… 18
　　　　［勘所3］「保証人も、死んだら相続、するんだよ！」
　　　　［勘所4］「保証人が、騙されないよう、注意せよ！」
　　　　［勘所5］「保証人の、責任分割、リスクあり！」
3　注意点 ……………………………………………………………………… 23
　(1)　保証人の弁済能力 ……………………………………………………… 23
　(2)　連帯保証人 ……………………………………………………………… 23
　(3)　保証人の署名 …………………………………………………………… 24
　(4)　民法改正法案による保証人保護の方策の拡充 …………………… 24
4　根保証について …………………………………………………………… 25
　設例3　根保証の基礎と注意点を理解する ……………………………… 26
　　　　［勘所6］「保証人に、請求できない、極度オーバー！」
　　　　［勘所7］「根保証は、極度なければ、無効だよ！」
　　　　［勘所8］「3年で、確定のおそれ、貸金根保証！」
　　　　［勘所9］「根保証は、破産・死亡で、確定し！」

第4章　抵当権

1　抵当権とは ………………………………………………………………… 32
　(1)　抵当権の基礎 …………………………………………………………… 32
　(2)　設定上の注意 …………………………………………………………… 34
　設例4　抵当権の基礎と設定上の注意点を理解する …………………… 35
　　　　［勘所10］「不動産の、価値と所有者、厳格確認！」
　　　　［勘所11］「所有者の、自署を確認、担保設定！」
　　　　［勘所12］「法務局、公図で確認、場所・地番！」
　　　　［勘所13］「登記簿で、確認しよう、権利関係！」
　　　　［勘所14］「現地行き、価値と使用者、確認だ！」
　　　　［勘所15］「念のため、確認しよう、20年！」

　　　　［勘所16］「建物が、あったら必ず、担保設定！」
２　根抵当権とは ………………………………………………………… 41
３　根抵当権の被担保債権の範囲 ……………………………………… 43
　（1）　範囲の定め方 ……………………………………………………… 44
　（2）　注　意　点 ………………………………………………………… 45
　設例5　根抵当権と被担保債権の範囲の基礎と注意点を理解する …… 47
　　　　［勘所17］「根抵当、配当来ない、極度オーバー！」
　　　　［勘所18］「根抵当、範囲を超えたら、担保せず！」
　　　　［勘所19］「根抵当、忘れず登記、消費貸借・売買・保証・当
　　　　　　　　　座貸越！」
４　根抵当権の確定 ……………………………………………………… 52
　（1）　確定とは …………………………………………………………… 53
　（2）　確定事由 …………………………………………………………… 53
　（3）　注　意　点 ………………………………………………………… 55
　設例6　根抵当権の確定の基礎と注意点を理解する ………………… 55
　　　　［勘所20］「根抵当、確定したら、担保せず！」
　　　　［勘所21］「確定だ、破産・相続・差押え！」
　　　　［勘所22］「共担（共同担保）は、一部確定、全部確定！」
　　　　［勘所23］「確定後、貸すな、売るな、書き替えるな！」

第5章　債権の調査

１　債権の基本事項の調査 ……………………………………………… 62
　（1）　調査整理する基本事項 …………………………………………… 62
　（2）　証書類のコピーの添付 …………………………………………… 63
２　消滅時効の調査 ……………………………………………………… 63
　（1）　時効期間 …………………………………………………………… 64
　（2）　時効の中断 ………………………………………………………… 64
　（3）　中断の方法 ………………………………………………………… 65

⑷　民法改正法案での消滅時効についての改正の概要 ················ 65
　設例7　消滅時効の基礎と注意点を理解する ···························· 67
　　　［勘所24］「請求書、送ってるだけでは、時効進行！」
　　　［勘所25］「抵当権、もってるだけでは、時効進行！」
　　　［勘所26］「承認を、上手にとって、時効阻止！」

第6章　財産の調査

1　不 動 産 ·· 72
　⑴　基本調査 ·· 72
　⑵　注 意 点 ·· 72
2　動　　　産 ·· 73
3　債　　　権 ·· 73
4　JA以外への債務 ·· 74
5　財産開示手続 ·· 74

第7章　財産処分への事後的対策

1　通謀虚偽表示 ·· 78
2　詐害行為取消権（債権者取消権） ·· 79
3　強制執行妨害罪 ·· 79

第8章　債権回収方法の選択

1　担保が十分な場合 ·· 82
　⑴　請求による任意の弁済 ·· 82
　⑵　担保権実行（競売） ·· 83
　⑶　債 権 届 ·· 87
2　担保は不十分だが財産はある場合 ·· 87

目　次　v

(1)　債務者が協力的な場合 ……………………………………… 88
　(2)　債務者が非協力的な場合 …………………………………… 88
　設例8　相殺や仮差押えの基礎を理解する ………………………… 92
　　　[勘所27]　「相殺は、通知一本、承諾不要！」
　　　[勘所28]　「財産を、調べて早めに、仮差押え！」
　　　[勘所29]　「公正証書、うまく使えば、裁判節約だ！」
3　財産がない場合 ………………………………………………………… 95

第9章　JAにある財産からの回収

1　貯金からの回収 ………………………………………………………… 98
2　出資金からの回収 ……………………………………………………… 99
　(1)　持分払戻請求権との相殺 …………………………………… 99
　(2)　債権者代位権による出資口数の減少 ……………………… 99
　設例9　税金との優劣や出資金からの回収方法を理解する ………… 100
3　共済金からの回収 ……………………………………………………… 103
　設例10　共済金からの回収方法と注意点を理解する ……………… 104
　　　[勘所30]　「相殺は、家族の共済、要注意！」

第10章　特殊な債権回収方法

1　書　　替 ………………………………………………………………… 110
　(1)　書替の法的性質 ……………………………………………… 110
　(2)　書替の注意点 ………………………………………………… 110
　設例11　書替の基礎と注意点を理解する …………………………… 111
　　　[勘所31]　「書替は、担保・保証に、注意して！」
　　　[勘所32]　「安易な書替、怪我のもと！」
　　　[勘所33]　「根抵当、確定したら、書替禁止！」
2　任意売却 ………………………………………………………………… 115

| 設例12 | 任意売却を行う際の注意点を理解する……………………116 |

[勘所34]「外すのは、お金と引き換え、担保権！」

[勘所35]「取下げは、お金と引き換え、差押え！」

第11章　債務者の特殊な事情に対する対策

1　行方不明の場合……………………………………………………122
　(1)　期限の利益喪失、相殺等の通知……………………………122
　(2)　競売申立て・仮差押え・訴訟………………………………123
　(3)　任意売却………………………………………………………123
2　死亡の場合…………………………………………………………124
　(1)　債務の相続……………………………………………………124
　(2)　根抵当権の相続………………………………………………125
　(3)　根保証の相続…………………………………………………125
　(4)　競売申立て・仮差押え・訴訟………………………………126
　(5)　相続人不存在…………………………………………………126
| 設例13 | 債務者や保証人の死亡の債権回収への影響を理解する……126 |

3　破産の場合…………………………………………………………132
　(1)　破産手続の概要………………………………………………133
　(2)　債権者としての対応…………………………………………133
　(3)　債権者からの破産申立て……………………………………134
| 設例14 | 破産の基礎と債権回収への影響を理解する………………134 |

[勘所36]「破産でも、効力発揮、相殺・抵当・保証人！」

第12章　弁済を受けたときの注意点

1　弁済の充当…………………………………………………………140
　(1)　特約・合意……………………………………………………140
　(2)　法定充当………………………………………………………140

| 設例15 | 充当の基礎と注意点を理解する ………………………… 141
　　　［勘所37］「一部入金、損得あるよ、充当注意！」
　　　［勘所38］「競売の、配当受けたら、法定充当！」
2　弁済による代位 ……………………………………………… 144
　(1)　弁済による代位とは ……………………………………… 145
　(2)　代位の要件 ………………………………………………… 145
　(3)　代位の効果 ………………………………………………… 146
　(4)　代位への期待の保護 ……………………………………… 147
| 設例16 | 代位の基礎と注意点を理解する ………………………… 147
　　　［勘所39］「保証人の、弁済受けたら、法定代位！」
　　　［勘所40］「担保権、保証人のためにも、大切に！」

資　料　集 ………………………………………………………… 153

おわりに …………………………………………………………… 179

| 債権回収こぼれ話 |

◆妻が買った娘の晴れ着の代金の夫への請求は？ ………………… 13
◆「私が本人に無断で名前を書きました」は私文書偽造！ ……… 25
◆牛や収穫前の稲への差押えは効率が高い！ ……………………… 74
◆妻が受け取る死亡共済金に手出しできない悔しさ！ …………… 108
◆主債務者本人が破産したので保証人も安心？ …………………… 138
◆反対尋問で「手切れ金」と聞き出し逆転勝利！ ………………… 151

第1章

JAの債権回収の手続の概要

本章では、図1のフローチャートに基づき、JAの債権回収の手続の概要を説明します。

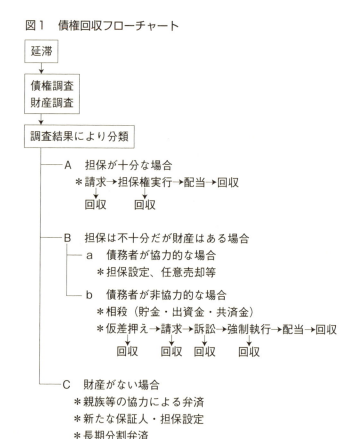

図1 債権回収フローチャート

詳しくは後で説明しますが、ここでは概要をつかんでください。

1 債権と財産の調査

JAが貸金や購買未収金(売掛金)等の債権を有する相手方本人(主債務者)が、約定の期限に弁済を行わなかった場合、すなわち延滞を生じさせた場合、やみくもに法的手続等を行うと効果的な債権回収ができないおそれもありま

す。そこで、どのような方法で債権回収を行うのが適切か検討するため、まずはJAが主債務者に対してどのような債権をどれくらいの金額を有するのか調査しましょう。貸金だけでなく、肥料や餌、ガソリン等の購買未収金等もありますので、もれがないように調査して一覧表に整理してください。

そして、財産があるかないか、担保を設定しているかどうかで回収の方法が異なってきますので、主債務者や保証人がどのような財産を有しているのかを調査しましょう。不動産や動産だけでなく、相手方が有している売買代金や預貯金、給料等の債権も回収源となる財産ですのでもらさないでください。発見した財産を不動産・動産・債権に分類し、さらに担保の有無も記載して一覧表に整理してください。

2　調査結果に応じた回収方法の概要

(1) 担保が十分な場合

JAが有する債権全額を回収できるだけの財産に担保を設定している場合は、最終的には担保権を実行することにより全額回収できることが見込めますので比較的安心です。

ただ、競売等の担保権の実行には費用や回収までに時間を要することになるので、まずは弁済してもらえないと担保権を実行せざるをえませんと請求書を郵送しましょう。同請求書で慌てて弁済してもらえ、下向きの矢印のとおり回収となる場合もあります。

請求にもかかわらず弁済してもらえない場合は、担保権実行による競売等を行うことになります。その通知が裁判所から送られて相手方が慌てて資金を準備して弁済してもらえ、下向きの矢印のとおり回収となる場合もあります。

そのような弁済がない場合は、担保物が売れたら裁判所から配当を受けて回収となります。

(2) 担保は不十分だが財産はある場合

　債務者が協力的な場合は、財産に担保を設定してもらったり、財産を任意に売却してその代金を弁済に充ててもらったりして回収を図ります。

　債務者が非協力的な場合は、担当者の腕の見せ所となります。

　まず、債務者がJAに貯金、出資金、共済金等の債権を有している場合は、それらについては相殺により債権回収に充てることができますので、忘れずに相殺しましょう。

　他の財産については、訴訟（裁判）を行って勝訴判決を取得し、その判決を債務名義として強制執行を行い、その財産が売れたら裁判所から配当を受けて回収となります。しかし、訴訟（裁判）を行っている間に財産を他に処分されてしまうと、勝訴判決を取得しても強制執行する財産がないことになってしまいます。

　そこで、JAが担保を設定していない財産はあるが、他への処分のおそれがある場合は、まずは他に処分できないように仮差押えを行うのが勘所です。この仮差押えがうまくできるかどうかが、担保が不十分な場合の債権回収がうまくできるかどうかの分かれ道となるのです。

　そのため、担保は不十分だが財産はある、しかし債務者が非協力的な場合は、図1のフローチャートのように、請求書を送る前に仮差押えを行い、その後に請求書を送って任意の弁済を受けられないか交渉し、弁済が受けられれば下向きの矢印のとおり回収となり、任意の弁済が困難な場合は、右向きの矢印のとおり訴訟（裁判）→強制執行で、売れたら配当を受けて回収という流れとなります。

(3) 財産がない場合

　めぼしい財産が見つからない場合は、勝訴判決を取得しても差押えできる財産がないわけで、債権回収はなかなか困難な見通しとなります。

　親族等の協力による弁済、新たな保証人・担保設定、長期分割弁済等により回収できないか検討するしかありません。

第2章

債権回収の基本

> **この章のポイント**
>
> ❶ **債権とは**
> 特定の人（債務者）に対し一定の行為を請求できる権利。
> 金銭債権はその代表だが、ほかにもいろいろな債権あり。
> 特色：債権は債務者に対してしか請求できない（相対性）。
>
> ```
>              一定の行為を請求
>   [債権者] ─────────────→ [債務者]
> ```
>
> ❷ **強制執行とは**
> 国の力で債権の内容を強制的に実現してもらう手続。
> 　例：金銭債権…差押え→換価（競売）→配当
> ただし、申立てには判決等の債務名義が必要。
> なお、配当は債権者平等が原則。
>
> ❸ **債務名義とは**
> 請求権の存在を公に証明する文書で、強制執行の申立てに必要。
> 　例：判決、和解調書、調停調書、支払督促、公正証書　等
>
> ❹ **回収への対策の基本**
> 債務者に財産がなければ債権回収できない。
> 事前の保証人・担保設定が重要。
> 借用証書等への署名は本人による自署を原則とすること。

1　債権とは

　債権というと、「貸した金を返せ」と請求するような金銭債権を思い浮かべる人が多いと思います。もちろん、貸金、売買代金等の金銭の支払を請求する金銭債権は債権の代表であり、本書で回収の勘所を説明する債権は金銭債権についてです。
　しかし、債権とは、特定の人（債務者）に対し一定の行為を請求できる権利といわれており、もっと広いものであることを頭に入れておきましょう。

たとえば、売買契約を締結すると、売主は買主に対して代金を支払えという債権を有することになりますが、他方、買主は売主に対して売買の目的物を引き渡せという権利を有することになります。この目的物を引き渡せという権利も、特定の人である売主に、目的物を引き渡すという一定の行為を請求できる権利ですから債権なのです。

　債権という権利に対応する義務を債務といい、債権を有している人を債権者、債務を負う人を債務者といいますが、債権は、特定の人に一定の行為を請求できる権利ですから、「債権は債務者に対してしか請求できない」という基本的特色があります（相対性ということもあります）。つまり、債務者に対してしか請求できない、債務者以外には請求できないのであり、たとえ親子、夫婦であろうと、債務者（保証人も含む）でないのであれば請求できないのです。

2　強制執行とは

　債権者は、いくら債権を有しているといっても、自分の力で強制的に権利の内容を実現するのは禁止されています。これを「自力救済の禁止」といいます。

　借用証書などに「返済を怠ったら債権者が債務者の財産を自由に搬出・売却して代金を返済に充てても異議を述べない」との条項があったとしても、そのようなことを認めてしまうと社会の平和が乱れるおそれがあるので自力救済は禁止されているのです。違反すると権利を有していても損害賠償請求や窃盗罪等で刑罰を受けることがあるので注意しましょう。

　債権の内容を債務者が任意に履行してくれない場合、金銭債権であれば債務者が約束どおり弁済してくれないような場合は、債権の内容を国の力で強制的に実現してもらうこととなります。これを強制執行といいます。

　金銭債権の場合であれば、債権者の申立てにより債務者の財産を差押えし、それを競売等により換価し、その金銭を債権者に配当することにより債権の内容を実現してくれるのです。

なお、ほかにも債権者がいて配当要求してきた場合は、その債権額に応じて平等に配当が行われることになります（債権者平等の原則）。

3 債務名義とは

強制執行を申立てするためには、借用証書等を有するだけでは足りず、そのような請求権が存在することを公に証明する文書である債務名義が必要となります（民事執行法22条）。

債務名義の代表は判決です。債務者が約束どおり弁済してくれない場合に訴訟（裁判）を起こして判決を取得するのは、強制執行の申立てをするための債務名義を取得するためであり、強制執行により債権回収を行うことが目的なのです。

判決以外の債務名義の主なものとしては、裁判所で作成されるものとしては、和解調書、調停調書、支払督促等があります。裁判所以外で作成されるものとしては、公証人が作成する公正証書（執行証書。ただし、金銭債権に限られます）があります。

公正証書は、訴訟の時間と費用を節約できて債権回収には便利なものです。しかし、組合員への貸金すべてについて作成するのは費用等の問題もあるので、延滞が生じた債務者について分割払いの話し合いをしたような際に作成するとよいでしょう。

4 回収への対策の基本

債権を有している、強制執行ができるといっても、債務者に財産がなければ、差押えのしようがなく、債権回収は困難となります。また、債務者に多少の財産があっても、ほかにも多額の債務があれば、平等に配当されるため、十分な債権回収は困難となってしまいます。

そこで、債権について請求できる債務者を増やして回収の可能性を高めようとするのが保証人であり、特定の財産から他の債権者より優先的に配当を

受けられるようにして回収を確実にしようとするのが抵当権等の担保設定なのです。

　債権回収の基本でかつ確実な対策は、この事前の、財産ある保証人の確保および価値ある財産への担保設定なのです。

　これらの事前の対策が不十分なまま延滞が生じた場合は、債務者の財産を調査し、発見した財産に対して財産処分を防止するために仮差押えを行うことが重要となってきます。

　なお、借用証書や抵当権設定証書等の書類への署名は、本人が病気や怪我で字が書けないような場合以外は、本人に直筆で署名してもらいましょう。他の人による代筆は、本人が承諾していれば法的には有効ですが、裁判や競売となった場合に承諾していない、勝手に行われたから無効などと主張されるおそれがあるので極力避けてください。

　本人が怪我等で字が書けない場合は、本人が代筆を承諾していることについて、立会人、ビデオ撮影等により証拠に残しましょう。

設例1　債権と回収への対策の基本を理解する

　AとBの子である未成年のCは、叔父のDの農場で働き出すことになり、通勤等に必要ということで自動車を購入することになった。A・Bは、働き出すと自動車が必要だろうとCがJAから融資を受けて自動車を購入することに同意していた。Cの話によれば、Dは「自分が保証人になってあげるよ。ただ、忙しくてJAに行けないので、自分の署名をCが代筆してくれ」と実印と印鑑証明書を渡してくれたとのことだった。

　そこで、JAは、保証人の欄へのDの署名と実印での押印をCに行ってもらい、Cに自動車購入資金100万円を融資した。

　ところが、Cは、JAからの貸金の残金80万円を滞納したまま、農作業が嫌になったといって東京に家出してしまった。保証人のDに請求したところ、「自分は保証人になった覚えはない。Cが勝手に実印等を持ち出して署名した。ほかにもCには迷惑を被っており、支払うつもりはない」とのことだった。

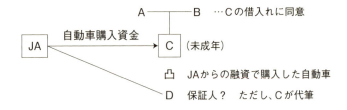

問1　JAは、Cへの貸金を親であるA・Bに請求できないか？
問2　JAは、JAからの貸金で購入したCの自動車をもってきて債権回収に充当できないか？
問3　JAは、Cへの貸金をDに請求できないか？

1　子への債権は親に請求できるか？

講師（以下「T」と表記）　さて、本設例でA・Bは保証人にはなっていないのですが、Cへの債権を請求できるでしょうか？

受講生（以下「S」と表記）　A・Bは、自分たちの子であるCがJAから融資を受けることに同意しているのですから、親としてCにかわってJAに支払う責任があると思います。

T　債権・債務は、何の根拠もなく発生することはなく、当事者間の契約により発生する場合と法律の条文により発生する場合しかないのです。親だからといって子が融資を受けた金銭について責任をとらなければならないという法律の条文はありますか？

S　ありませんが、融資に同意しておきながら責任をとらないのは無責任です！

T　未成年者が契約などの法律行為を行う際に親権者の同意が必要とされているのは、未成年者は、法律行為の判断能力がまだ不十分なので保護のために親権者の同意を必要としているのであり、親権者の同意は、未成年者が法律行為を行うことについてのものであり、親権者が保証するというものではないのです。

S　そうなんですか……。

T　A・Bは、JAから融資を受けたわけではなく、保証したわけでもなく、JAに対してなんらの債務も負いません。債権は債務者に対してしか請求できないわけですから、JAは、A・Bに対して請求することは法的にはできません。

S　A・BがJAに多額の貯金を有しているような場合、何とかそこから回収することはできないでしょうか？

T　A・Bが任意に支払ってくれるならできますが、そのような気持ちにならないのなら無理です。債権は、債務者に対してしか請求できないのですから、強制執行の対象となる財産も、債務者の財産だけなので「**当てにするな、債務者以外の、財産を！**」なのです。

　万が一のときに親権者である親に保証してほしいのであれば、保証人になってもらうべきだったのです。

2　債務者の財産から強制的に回収するには？

S　わかりました。でも、JAは、Cに対しては債権を有しており、貸金を返済しろと請求できるわけですから、Cの財産である自動車をもってきて売却し返済に充当することはできますよね？

T　Cがそれに応じるのであればできますが、Cが応じないのであれば「自力救済の禁止」に反しできません。JAの担当者が勝手にそのようなことを行ったら、損害賠償請求や刑罰を受けることがあるので注意してくださいね。

S　JAからの融資で購入したものでも、Cの自動車に手出しできないのでしょうか？

T　JAは、Cに貸金の支払を求める訴訟を起こして勝訴判決を得れば、それを債務名義としてCの自動車に強制執行を行うことができるのです。

3　代筆による保証人への請求は？

S　保証人Dの署名をCに代筆してもらった場合、代筆は無効なのでしょ

うか？ Cに訴訟を起こすのであれば、Dも訴訟の相手に加えたほうが効率的だと思うのですが……。

T 代筆は本人が承諾しているのであれば法的には有効です。日常生活でも簡単な取引は家族の代筆ですませていることが多いですよね。

　ただ、本設例のDについて、JAはDが承諾していたかどうかDへの確認をしていないのが問題なのです。

S CがDの実印と印鑑証明書を持参してきた場合、Cの言葉を信用してはいけないのでしょうか？

T Dがいっているように、実印と印鑑証明書を勝手に持ち出していることはありうることなので、それだけでCの言葉を信用してしまったといっても裁判所では通用しません。

　DがCの保証人になることを承諾していたということを証明できない限り、JAはDを相手に訴訟をしても負けてしまいますので、Dへの請求は諦めるしかありませんね。このようなこととならないように、「本人の、自署を守れ、すべての書類！」を守ってください。

ここが勘所！

【勘所1】「当てにするな、債務者以外の、財産を！」

　債権は債務者（保証人を含む）に対してしか請求できず、強制執行できるのも債務者の財産に対してのみです。

　債務者以外の財産を当てにしたければ、その財産の所有者を保証人または物上保証人（その財産に担保を設定させてもらう）にしておかなければなりません。

【勘所2】「本人の、自署を守れ、すべての書類！」

　借用証書、抵当権設定契約書、貯金の払戻請求書等には本人に自署させることを原則としてください。本人が承諾した代筆は法的には有効なのですが、後になって承諾した覚えがないと言い出し、無効を主張されたり、貯金を返せと主張されたりすることがあるからです。

　実印よりも、届出印よりも、いちばん確実なのは本人の自署なのです。

| 債権回収 こぼれ話 | **妻が買った娘の晴れ着の代金の夫への請求は？**

　娘の成人式の晴れ着を妻がJAから50万円で購入しました。しかし、夫は、事前に相談がなかったことに立腹し、「お前が買ったのだからお前が払え！」と代金の支払に協力してくれません。夫は多額の預金を銀行に有していますが、妻はめぼしい財産を有していません。何とか夫に請求できないでしょうか、との相談をJAから受けたことがありました。

　JAから晴れ着を買ったのは妻ですから債務者は妻であり、夫は保証人になっていない限り債務者ではありません。すると、債権は債務者に対してしか請求できないことからすると、代金を夫に請求することはできないようにも思えます。

　ところで、「債権は債務者に対してしか請求できない」ことについては、正面から規定した法律の条文はないのですが、それが原則であることを前提として例外を定めた条文があります。その代表が民法761条の日常の家事に関する債務の夫婦の連帯責任の条文です。

　民法761条では、夫婦は共同生活をしていますから、「夫婦の一方が日常の家事に関して第三者と法律行為をしたときは、他の一方はこれによって生じた債務について、連帯してその責任を負う」と定められているのです。娘の晴れ着の購入は日常の家事に該当するのではないか、すると妻がJAから購入したものではあるが、夫もこれによって生じた代金債務について連帯責任を負うことになる！と考えて、裁判所に訴訟を起こしたところ、夫への請求も認めてもらえ、夫から代金を支払ってもらえました。

　でも、夫がヘソを曲げた気持ちも多少はわかりますが、かわいい娘の晴れ着ですし、多額の預金もあったのだから気持ちよく払ってあげたほうが、娘から父親への点数も上がったはずだったのに……。

第3章

保証人

> **この章のポイント**
>
> ❶ 保証人の基礎
>
>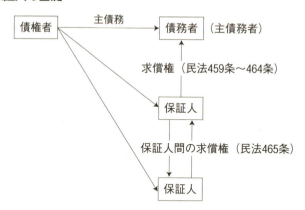
>
> ❷ 単なる保証人は、催告・検索の抗弁権と分別の利益を有するが、連帯保証人は、有しない。
> ❸ 保証人をとるときは、資力ある者を連帯保証人とし、後日の無効等の主張を防止するため、保証人の署名は、JAの担当者がみているところで、保証人本人に自署させることを原則とする。
> ❹ 根保証については、次の点に注意する。
> ・極度額を記載して締結する。
> ・確定後に発生した債権は保証されないので確定を見落とさない。

1 保証人の基礎と用語

　保証人は、主債務者が履行しないときに履行する責任・保証債務を負う債務者であり（民法446条1項）、保証債務は、債権者と保証人の保証契約により生じます。保証契約は、書面で契約しなければ効力を生じません（民法446条2項）。
　保証人が保証する債務のことを主たる債務・主債務といい、主債務の債務者のことを主債務者といいます。保証人は、主債務者にかわって主債務を弁

済した場合、その金額を主債務者に対して償還を求める権利を有することとなり、これを求償権といいます（民法459条〜464条）。なお、数人の保証人がある場合に連帯保証等のために自己の負担部分（原則は保証人の頭割り）を越えて弁済したような場合は、越えた部分を他の保証人に対して求償できることになります（保証人間の求償権・民法465条）。

　弁済能力のある人を保証人にしていると、債権者は、主債務者から弁済を受けられない場合でも、保証人から弁済を受けることにより債権回収できることになります。

　そこで、債権回収の事前の対策として、保証人が広く利用されているのです。

2　保証人の抗弁権

(1)　催告・検索の抗弁権
　　　——主債務者の財産に先に強制執行してくれといえるか？

　保証人は、まず主債務者に請求してくれという権利（催告の抗弁権・民法452条）、主債務者に財産がある場合には主債務者の財産に先に強制執行してくれという権利（検索の抗弁権・民法453条）を有しています。

　しかし、保証人が連帯保証人の場合は、催告・検索の抗弁権がなくなり（民法454条）、連帯保証人は、主債務者より先に請求・強制執行を受けても異議を述べられません。

　保証人のほとんどは連帯保証人とされており、債権者は、連帯保証人の場合には、主債務者であるか連帯保証人であるかを問わず、請求しやすいところ、債権回収しやすいところから債権回収してかまわないことになります。

　しかし、連帯保証人の感情の問題や、連帯保証人に弁済してもらうと第12章2で詳論する弁済による代位の問題が生じるので、主債務者の財産から先に債権回収を行うことが望ましいことも多いのです。

(2) 分別の利益
　——保証人が数人いる場合に保証債務額は保証人の頭割りといえるか？

　保証人が数人いる場合は、保証人の責任はその人数で分割されます。これを分別の利益（民法456条、427条）といいます。
　しかし、保証人が連帯保証人の場合は、分別の利益がなく（判例）、連帯保証人は、ほかにも保証人がいても全額の請求を受けることになります。
　債権者からすると、保証人が連帯保証人の場合は、ほかにも保証人がいても、どの連帯保証人に対しても全額の請求ができることになります。
　ところで、主債務者が弁済できないために連帯保証人に弁済してもらう場合で連帯保証人が複数の場合、債権者と連帯保証人の話し合いにより、連帯保証人の弁済すべき金額を人数、弁済能力等により分割する例を見受けることがあります。
　これには、連帯保証人から任意に弁済を受けられるという利点もありますが、いったん分割してしまうと、その連帯保証人に対してはその分割した金額しか請求できなくなり、他の連帯保証人が弁済を怠ってもそれ以上の請求はできなくなるという危険もあるので注意を要します。

設例2　保証の基礎と注意点を理解する

　JAは、Aに対し、Aの自宅に抵当権を設定して1,000万円の融資を行った。その際、JAに多額の貯金を有する兄のBは、JAの担当者に電話で万が一のときは保証するといっていた。借用証書には、親戚のC・D・Eに連帯保証人として署名してもらった。ところが、Aが重病で同人からの返済の見込みがなくなり、Aの自宅を不動産業者に査定させたところ、辺鄙な場所なので価格はせいぜい300万円程度ではないかとのことだった。
　そこで、Bに返済をお願いしたところ、口約束だから無効だと拒否された。
　Cは死亡していたので、相続人のFに請求したところ、「保証人の責任

は相続しないはずだ」と拒否された。

Dに請求したところ、「保証人になりたくなかったのだが、Aから100万円の融資で迷惑はかけないと頼み込まれて保証人になったのだ。それが実は1,000万円だったというのは詐欺だ！ 保証契約は詐欺で取り消す！ 私は支払わない！」と怒られてしまった。

Eからは、「保証人になったのは確かだから最後は支払うが、まず抵当権を設定している自宅を売却して金額を減らしてほしい。また、自分だけでなくC・Dも保証人になったのだから、自分は3分の1の金額を支払えばよいはずだ」といわれた。

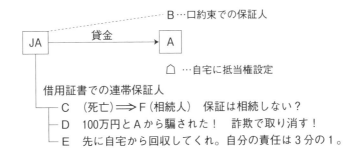

問1　JAは、B・D・Fに請求できないか？
問2　JAは、自宅を売却してからでないとEに請求できないか？
問3　JAがEに請求できる金額は、保証人の数で頭割りした金額か？

1　口約束での保証の効力は？

T　Bに請求できると、JAに多額の貯金があるので回収がしやすくなりますがどうでしょうか？

S　口約束でも契約は有効に成立すると聞いていますので、Bに保証債務の履行を請求することはできると思うのですが……。

T　たしかに、口約束でも契約は有効に成立するのが原則で、以前は口約束での保証契約も有効だったのですが、平成17年4月1日から施行の民法改正で、保証契約は書面で契約しなければ効力を生じないことになり

第3章　保証人　19

ました（民法446条2項）。ですから、Bに対しては請求できません。
S　そうでしたね。うっかり失念していました。
T　保証人保護の観点から法律や判例が変わってきていますので、注意しておいてくださいね。

2　保証債務は相続するか？

T　ところで、保証債務が相続するかどうかについてはどう思いますか？
S　Fがいうように相続しないような気がするのですが……。
T　保証債務は相続しないと誤解している人が多いのですが、保証債務も貸金債務と同様に相続するんです！　相続人が何人かいる場合は、法定相続分により分割して相続されます。「**保証人も、死んだら相続、するんだよ！**」としっかり頭に刻み込んでおいてくださいね。

3　主債務者から騙されて保証人になったら？

S　Dについては、Aから融資額を騙されて保証人になっているので、請求するのは無理でしょうか？
T　Dが保証人になったのは、Aから頼まれてとはいえ、JAとDの保証契約によってなのです。だから、JAの担当者が騙したのであればDは保証契約を詐欺で取り消せますが（民法96条1項）、Aが騙したのであれば保証契約については第三者であるAが騙したということになり、JAがその事実を知らなければCは取消しできません（民法96条2項）。なお、現在国会で審議されている民法改正法案が成立すれば、知らないことにJAに不注意がある場合も保証契約を取り消すことができることになりますので注意してくださいね（改正後民法96条2項）。
S　わかりました。
T　AがDを騙す現場にJAの担当者が立ち会って黙ってみていた場合はどうなると思いますか？
S　JAの担当者が騙したわけではないので大丈夫でしょうか……。
T　第三者であるAが騙したことをJAは知っていたわけですから、保証

契約を取り消されてしまいますよ！ JAの担当者が騙す現場に立ち会ってみてみぬふりをしていたりしませんよね？

S それは大丈夫です。保証人になってくれる人もJAの組合員のことが多いので、後で騙されたなどといわれないように金額を書類だけでなく口頭でも伝えて保証意思の確認をしっかり行うようにしています。

T それはよい心がけです。「**保証人が、騙されないよう、注意せよ！**」ですからね。今後、民法改正法案により事業用の貸金債務の保証人には事前に公正証書で保証意思の確認が求められるなど、保証人の保護が図られていきますので、そのような点もしっかり注意しておいてください。

4 主債務者の財産から先に回収する義務があるか？

T 先に自宅を売却して回収してほしいとのEの気持ちはわかりますが、どうでしょうか？

S JAは、なるべく主債務者の財産からの回収を優先しているのですが、法的にはどうなのでしょうか？

T 単なる保証人の場合は、主債務者であるAの財産に先に強制執行してくれといえる検索の抗弁権（民法453条）が認められています。しかし、連帯保証人の場合は、この権利が認められませんので（民法454条）、Eの要望に応じなければならない法的義務はありません。ただ、連帯保証人の気持ちの問題や、抵当権を設定した不動産をそのままにして連帯保証人に先に支払ってもらうと、代位により抵当権を連帯保証人に移転しなければならない等の問題がありますので、特に支障がない場合は、主債務者の財産から先に債権回収を行うことが望ましいです。

S わかりました。現在の運用が間違っていないことを知りホッとしました。また、主債務者の財産の売却等に時間を要するような場合は、先に連帯保証人に請求しても法的な問題がないことを確認できて安心しました。

5 保証人が数人いる場合に保証債務は頭割りとなるか？

T 保証人が数人いる場合に支払ってもらう金額を頭割りにするのは、多少手間がかかりますが、合計すれば全額回収できるので、応じてもJAに不利益はないでしょうか？

S 特段の不利益はないような気がしますが……。

T 分割した金額を全員が支払ってくれれば問題ありませんが、支払えない人がいたらその金額は回収できないことになってしまいますよ。債務を何人かに分割してしまうのは、支払えない人がいた場合のリスクを債権者であるJAが負うことになってしまうことになるので、**「保証人の、責任分割、リスクあり！」**と頭に刻み込んでおいてください。

S わかりました。ところで、法的にはどうなるのでしょうか？

T 単なる保証人の場合は、数人の保証人の各人の保証債務は人数で分割され、これを分別の利益と呼んでいます（民法456条、427条）。しかし、保証人が連帯保証人の場合はこの利益は認められず、ほかにも保証人がいても全額について連帯債務を負うことになります。ですから、連帯保証人であるEに対しては、JAは全額請求できるのです。

S わかりました。連帯保証人から支払額の分割のお願いがあっても、迷わず拒否することにします。

T いや、全員から分割した金額を支払ってもらえる見込みがあるのであれば、連帯保証人に支払ってもらう金額を主債務者との関係や財産状態等を考慮して分割するのも、支払ってもらいやすくなるというメリットもあるので検討してよいのですよ。債務の分割には前記のようなリスクがあるということを念頭に置きながら決めればよいのです。

ここが勘所！

【勘所3】「保証人も、死んだら相続、するんだよ！」

保証人が死亡した場合は、保証債務も法定相続分により分割して各相続人に相続されるので、相続人に請求することができます。

【勘所4】「保証人が、騙されないよう、注意せよ！」

　主債務者は、自己が融資を受けたいがために、保証人になってもらうことを頼む際に騙すこともあります。

　保証人からの保証の詐欺取消しや錯誤無効の主張を防ぐため、保証金額確認等により、保証人が主債務者に騙されないよう注意することが大切です。

【勘所5】「保証人の、責任分割、リスクあり！」

　保証人が数人いる場合、保証人の責任を分割すると、弁済しない保証人がいると、その金額を債権者であるJAが被ってしまうリスクが生じます。

　連帯保証人には分別の利益（保証債務を人数で頭割りしてもらうこと）はないのですから、責任分割の要望があった場合には慎重に考えてください。

3　注意点

(1) 保証人の弁済能力

　保証人に弁済能力がなければ、保証人からの債権回収は困難となります。
　そこで、財産や収入を調査し、弁済能力がある人を保証人にするように注意しなければなりません。

(2) 連帯保証人

　前述のとおり、連帯保証人には催告の抗弁権・検索の抗弁権がなく、分別の利益も認められないため、債権者の立場からすると連帯保証人のほうが債権回収上は有利です。

　そこで、保証人は、必ず連帯保証人にしてください。

(3) 保証人の署名

　保証人は、主債務者から依頼を受けてなるのが一般です。

　しかし、保証人との関係を主債務者任せとすると、主債務者は、自己が融資を受けたいがために、金額等について保証人を騙したり、保証人の署名を偽造したりすることがあります。そうなっては、詐欺や錯誤により保証は無効となることも出てきます。

　そこで、保証の無効の主張を防ぐため、保証人の署名は、JAの担当者がみているところで、保証人本人に自署させることを厳守することが大切です。

(4) 民法改正法案による保証人保護の方策の拡充

　民法改正法案においては、後述の個人根保証人の保護以外にも、次のような保証人保護の方策が設けられる予定ですので、いまのうちから注意しておきましょう。

a　事業のための貸金の個人保証の契約前の公正証書での意思確認（改正後民法465条の6）

　保証契約締結に先立ち、締結前1カ月以内の公正証書での意思表示が必要となり、違反すれば保証契約は無効となってしまいます。

　ただし、保証人となろうとする者が、主債務者が法人である場合の役員、主債務者が個人である場合に共同で事業を営む者、事業に現に従事している主債務者の配偶者の場合は、同条項は適用されません（改正後民法465条の9）。

b　事業のための債務の個人保証の契約締結時の情報提供義務（改正後民法465条の10）

　主債務者は、保証人に対し、財産、収支状況、他の債務の有無等について情報提供の義務を負うことになり、情報提供が行われなかったり事実と異なる情報提供が行われたため保証人が誤認により保証人になった場合は、保証人は、債権者がそのことを知っていたり知ることができたときは、保証契約を取り消すことができることになります。

c　保証人の請求による主債務の履行状況に関する情報提供義務（改正後民法458条の2）

債権者は、保証人から請求があれば、不履行の有無等について情報提供の義務を負うこととなります。

d　主債務者が期限の利益を喪失した場合の個人保証人への情報提供義務（改正後民法458条の3）

債権者は、主債務者が期限の利益を喪失したことを知って2カ月以内に、保証人に通知義務を負うこととなります。違反すれば、その期間の遅延損害金を請求できないこととなります。

> **債権回収こぼれ話　「私が本人に無断で名前を書きました」は私文書偽造！**
>
> 　保証人、物上保証人（担保提供者）から「自分が知らないうちに無断で行われた。偽造や無権代理で無効だ」と主張されることがあります。
> 　それらに対する最良の対策は、契約書や委任状等への署名をJA担当者がみているところで本人に自署させることです。
> 　ところで、本人以外の者が代筆して署名していた場合でも、本人が承諾していたときは有効なのですが、家族等が代筆している場合は、本当は本人が承諾していたときでも、本人の保証人等の責任を免れさせるため、代筆した家族等が「本人の承諾を得ずに無断で名前を書きました」と証言することがあります。
> 　家族内のことなのでその証言を崩すことは容易ではないのですが、実は無断で代筆した家族等は、民事上は損害賠償責任を負い、刑事上は私文書偽造・詐欺等の罪となるのです。そこで、「無断で名前を書きました」と言い張る証人には、「すると、あなたが行ったことは私文書偽造罪に該当するので、あなたを刑事告訴せざるをえないのですがよろしいですね？」と迫ると、「えっ!?いや……、本当は……、本人は承諾してました」と崩せることもあるのです。

4　根保証について

根保証とは、一定の範囲に属する不特定の債務を継続的に保証する保証です。極度額が定められている場合には、同金額を超える部分は保証人には請求できないこととなります。

根保証は、保証人にとって危険が大きいため、法律（身元保証に関する法律等）や解釈・判例により種々の制限が行われてきています。

　平成17年施行の民法改正では、貸金を含む根保証（法人を除く）について、貸金等根保証ということとし、極度額を書面で定めていなければ無効（民法465条の2第2項・3項）、5年以内の確定期日を定めなければ3年で確定（民法465条の3第1項・2項）、主債務者や保証人の破産や死亡等により確定（民法465条の4）等の保護が図られました。

　そして、民法改正法案では、すべての個人根保証について、極度額を書面で定めていなければ無効（改正後民法465条の2第2項）、保証人の破産や主債務者や保証人の死亡等により確定する（改正後民法465条の4）等の保護が図られることになっていますので、注意しておいてください。

設例3　根保証の基礎と注意点を理解する

　JAは、養豚農家Aに対し、極度額300万円の畜産購買取引約定書を締結して餌を供給するとともに、経営資金を時々融資してきていたが、平成22年6月21日、保証人等を整備するため、融資取引については、極度額700万円・確定期日はAが65歳になる平成28年12月24日と定めてB・Cに連帯保証人になってもらい、餌の売買取引については、極度額300万円・確定期日は特に定めずDに連帯保証人になってもらった。

　ところが、Aは養豚業の経営悪化で各種の支払が困難になり、保証人にも請求せざるをえない状況となったため、関係書類をチェックしたところ、C・Dとの保証契約書の極度額の欄が空欄のままであることが判明した。担当者に確認したところ、極度額の金額を口頭では説明したが記入するのを忘れていたとのことだった。なお、Dは平成27年5月4日に死亡し、相続人はEのみである。

　現時点のAに対する債権の残高は、平成23年6月21日付貸金の残金300万円と平成26年2月24日付貸金の残金200万円、餌代金500万円である。

```
JA ── 経営資金・餌代金 → A
```

貸金等の根保証契約（平成22年6月21日）
 ⎰ 極度額700万円・確定期日平成28年12月24日
 ⎨ 連帯保証人B
 ⎱ 連帯保証人C　ただし、極度額空欄
　　・平成23年6月21日付貸金の残金300万円
　　・平成26年2月24日付貸金の残金200万円

餌の売買取引の根保証契約（平成22年6月21日）
 ⎰ 極度額300万円・確定期日は定めず
 ⎱ 連帯保証人D　ただし、極度額空欄　＝平成27年5月4日死亡⇒相続人E
　　・餌代金の残金500万円

問1　極度額を超えた餌代金をAや保証人に請求できるか？

問2　極度額が空欄の保証契約書で保証人となったC・Dに保証債務の履行を請求できるか？

問3　B・Cに平成23年6月21日付貸金と平成26年2月24日付貸金を請求できるか？

問4　Dの相続人Eに餌代金を請求できるか？

1　極度額を超えた金額は主債務者や保証人に請求できるか？

T　うっかり極度額を超えてしまった場合、超えた部分は主債務者や保証人には請求できると思いますか？

S　主債務者のAには請求できると思うのですが……。

T　もちろん請求できますよ。継続的取引の極度額は、主債務者との関係では与信の枠であり、それを超えての融資や売渡しには応じられないという意味があります。しかし、主債務者からの求めに応じる等して融資や売渡しを続けて金額が極度額を超えてしまった場合、超えた部分を主債務者に請求できなくなるという馬鹿なことはありませんからね。

S　そうですよね！

T　しかし、その主債務者に対する極度額は、主債務者の財産や経営の状態等を検討した結果の与信の枠なのでしょうから、不良債権を発生させ

ないためには債権額が極度額を超えないように注意・管理することが大切ですよ。

S　わかりました。保証人に対しての請求はどうでしょうか？

T　B・C・Dには、特定の債務の保証ではなく、一定の範囲に属する不特定の債務を継続的に保証してもらっています。このような保証を根保証といいますが、保証人は、自分が保証する金額の上限は極度額と考えて保証しているわけですから、保証人に請求できる金額は極度額が上限であり、それを超える金額は請求できません。**「保証人に、請求できない、極度オーバー！」**ですからね。

2　極度額を定めていなければ上限なく請求できるか？

S　極度額を定めていないほうが、上限がないことになって債権者には便利なのでしょうか？

T　形式的に考えるとそうなってしまいますが、それでは保証人が予想もしなかった過大な金額を保証することが生じてしまいます。また、期間の定めがない根保証ですと、保証人が予期しなかったほど長期間にわたって保証せざるをえなくなってしまいます。それでは保証人に酷だということで、判例や立法により根保証の保証人の保護が図られてきています。

S　具体的にはどのように保護されているのですか？

T　まず、貸金を含む根保証は、平成17年施行の民法改正で貸金等根保証として極度額を書面で定めていなければ無効となりました（民法465条の2第2項・3項）。ですから、極度額の金額を口頭で説明していても記入していないのでは保証契約は無効です。

S　すると、Cには請求できないわけですね。Dとの保証契約も無効になるのでしょうか？

T　極度額を書面で定めていないと無効になるのは、現時点では貸金等根保証だけですので、売買取引の根保証であるDとの保証契約は無効にはなりません。ただ、民法改正法案では、すべての個人根保証が極度額を

書面で定めていなければ無効となる予定で「**根保証は、極度なければ、無効だよ！**」となりますので、いまから根保証についてはすべて極度額を明記することを習慣にしておくとよいですね。
S　わかりました。

3　貸金等根保証はいつ確定するか？

T　また、平成17年施行の民法改正では、貸金等根保証について、その日以降に発生した債務を保証しなくなる元本の確定が定められました。確定期日（民法465条の3）、債権者による主債務者・保証人への差押え、主債務者・保証人の破産・死亡（民法465条の4）で確定しますので、注意してくださいね。
S　Cに対しては、極度額を記入しなかったため貸金等根保証契約が無効で請求できませんが、Bに対しては、二口の貸金いずれも貸金等根保証契約の確定期日前に融資したものですから、貸金二口の残金合計500万円は請求できますよね？
T　確定期日は、貸金等根保証契約締結日から5年以内の日でないと無効で（民法465条の3第1項）、そのような場合や定めがない場合は、締結日から3年を経過した日が確定期日となり（民法465条の3第2項）、「**3年で、確定のおそれ、貸金根保証！**」なのです。そのため、Bに対しては、確定前の平成23年6月21日付貸金は請求できますが、平成26年2月24日付貸金は確定後に発生した債権なので請求できません。

4　他の根保証の確定はどうなっているか？

S　うっかりしていました……。売買取引の根保証の確定はどうなっているのでしょうか？
T　平成17年施行の民法改正では、貸金等根保証以外の根保証については確定の規定は設けられませんでした。しかし、以前から根保証は保証人の死亡により確定すると解されてきており、Dとの根保証契約はD死亡により確定しています。そのため、相続人のEに対しては、D死亡まで

に発生していた餌代金は請求できますが、その後に発生した餌代金は請求できないことになります。

S　根保証の確定についての理解が不十分でした。今後はしっかり勉強して注意していきます。

T　民法改正法案では、すべての個人根保証について、保証人への差押え、保証人の破産、主債務者・保証人の死亡で確定することが明文化される予定ですので、いまから「根保証は、破産・死亡で、確定し！」という理解で債権管理しておくとよいですね。

ここが勘所！

【勘所6】「保証人に、請求できない、極度オーバー！」

　貸金等根保証、売買取引等の継続的取引の保証においては、契約書に定められた極度額を超えた金額は保証人には請求できませんので注意しましょう。

【勘所7】「根保証は、極度なければ、無効だよ！」

　貸金等根保証契約の場合は、極度額が記載されていなければ無効となりますし、民法改正法案では、すべての個人根保証について極度額が記載されていなければ無効となります。そこで、いまのうちから、すべての根保証について極度額を記載して契約締結することを徹底しましょう。

【勘所8】「3年で、確定のおそれ、貸金根保証！」

　貸金等根保証契約は、5年以内の確定期日を定めなければ3年で確定するので、5年以内の確定期日を定めること、確定を延長したい場合は期日が近づいてきたら確定期日の延長変更を行うことを忘れてはいけません。

【勘所9】「根保証は、破産・死亡で、確定し！」

　貸金等根保証契約は主債務者・保証人の破産・死亡で確定してしまいます。民法改正法案では、他の個人根保証については、主債務者・保証人の死亡、主債務者の破産で確定することになりますので、いまから注意しておきましょう。

第4章

抵当権

1 抵当権とは

> **この節のポイント**
>
> ❶ 抵当権の基礎と用語
>
>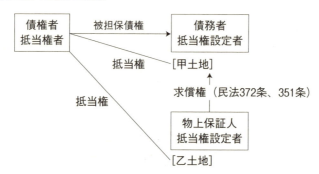
>
> 　抵当権は、債務名義なしで競売申立てできる、配当を他の債権者より優先的に受けられる等の利点があるため、債権回収の担保のために広く利用されている。
>
> ❷ 設定上の注意
> 　a　法務局の公図と登記事項証明書、そして現地確認により不動産の現況と権利関係を確認すること。
> 　b　不動産の担保価値を見誤らないこと。
> 　c　設定契約書および登記委任状には担当者がみているところで本人に自署させること。

(1) 抵当権の基礎

a 抵当権の当事者と用語

　抵当権は、不動産に設定される担保物権であり、抵当権設定契約により成立し、登記が第三者への対抗要件となります。

　抵当権により担保される債権を被担保債権といい、抵当権の権利者を抵当

権者、自己の所有不動産に抵当権を設定した義務者を抵当権設定者といいます。抵当権設定者は、債務者本人に限られず、債務者以外の者が担保提供して抵当権設定者になることもあり、その者を債務者本人と区別して物上保証人といいます。

物上保証人は、保証人と異なり、債権者に弁済する債務はありません。しかし、債務者が弁済しなければ自己の所有不動産を競売で失う危険があり、競売を阻止するため債務者にかわって弁済せざるをえないこともあります。物上保証人が競売により自己の所有不動産を競売で失ったり債務者にかわって弁済したりした場合、物上保証人は、その金額を債務者に償還を求める権利を有することとなり、これを求償権といいます（民法372条、351条）。

b 抵当権の利点

抵当権には次のような利点があるため、担保価値のある不動産に設定しておけば債権回収は確実となります。そこで、債権回収の担保として広く利用されているのです。

(a) 抵当権者の利点

① 優先弁済権がある

本来は債権者平等が原則なのですが、抵当権者は、抵当権を設定した不動産からは他の債権者より優先的に自己の債権の弁済を受ける権利を有します（民法369条）。

なお、同じ不動産に複数の抵当権が設定されている場合は、抵当権設定登記の順番により弁済を受けることになります（民法373条）。

② 債務名義なしで競売申立てできる

抵当権を設定した不動産の登記事項証明書を提出するだけで競売申立てができ（民事執行法181条）、裁判等により債務名義を取得する時間と費用が節約できます。

③ 第三者に対しても主張できる

対抗要件である登記を行ってさえいれば、物権には絶対性がありだれに対しても主張できるがゆえに、抵当権を設定した不動産が他に売却されても抵当権を主張して競売申立てができます。

(b) 抵当権設定者の利点

設定者が抵当権を設定した不動産の使用を継続できる

　抵当権の場合は、抵当権が設定されても不動産の占有が移転せず（民法369条）、設定者が居住、耕作等の使用を継続できます。これに対し、利用されることがほとんどありませんが、不動産に質権を設定された場合は、占有が債権者に移転し（民法342条）、設定者は使用を継続できなくなります（民法345条）。

(2) 設定上の注意

　抵当権が適切に設定されれば、前述のとおり債権回収はほぼ確実となります。しかし、不動産の価格が債権金額に満たなければ十分な債権回収はできず、そもそも抵当権が無効ということになればまったく債権回収ができないこととなってしまいます。

　そこで、抵当権設定の際は、次のような点に注意する必要があります。

a　不動産の確認

　抵当権を設定しようとする不動産の所有者および担保価値を判断するため、不動産の権利関係および現状を確認することが必要となり、次のことを欠かしてはなりません。

① 公図による場所の確認

　法務局に備え付けられている公図（地図または地図に準ずる図面）により、不動産の場所および地番を確認しましょう。特に、道路との位置関係に注意を要します。

② 不動産の登記事項証明書による権利関係の確認

　法務局で不動産の登記事項証明書をとり、所有者がだれか、すでに抵当権等が設定されていないか、賃借権が設定されていないか等を確認しましょう。

　なお、差押え、仮差押え、仮処分または仮登記がなされている場合は、その後に抵当権を設定してもそれらに対抗できないことになるので注意してください。

③ 現地確認

不動産の現地に行き、現在の使用状況、使用者、建物の有無等を確認し、所有者と使用者が異なる場合は、使用者と会って使用しているいきさつを聞きましょう。

この現地確認により、登記には現れない権利関係の有無、登記上の所有者と真実の所有者の食い違いの有無が判明することがあるのです。

b 担保価値の判断

抵当権による債権回収は、最終的には競売による配当により実現されます。ところで、競売の場合の不動産の価格は通常の売買の相場の価格より下がるのが通常であり、また先行する抵当権等の担保権があれば配当を受けられるのはそれに後れることになります。

そこで、その不動産に抵当権を設定してどの程度債権回収できるか（どの程度融資できるか）、担保価値の判断が重要となります。

担保価値の判断は、次のような点に注意して慎重に行いましょう。

① 先行する抵当権等の担保権の有無および金額
② 賃借権、地上権等による値下り
③ 競売自体による値下り
④ 物価変動による値下り

c 設定契約書および登記委任状の署名

抵当権を設定する場合には、抵当権設定契約書を作成し、抵当権設定登記の委任状に署名押印（実印による）をしてもらうことになります。

抵当権の無効を主張される場合のほとんどは、それらへの署名が本人によるものでないことを理由にされています。

そこで、設定契約書および登記委任状の署名は、JAの担当者がみているところで、設定者（不動産の所有者）本人に自署させることを厳守することが大切です。

設例4 抵当権の基礎と設定上の注意点を理解する

Aの長男Bは、A名義の土地（八千代17番）の権利証、実印および印鑑

証明書をもってJAに500万円の融資申込みに来所した。Bがいうには、「この土地は、自宅の北側の土地で道路に接している。農機具の保管や野菜選別作業を行う未登記の古い建物が建っているが、時価1,000万円はする。Aは仕事が忙しくてJAには来られないが、私がJAから融資を受けるために担保に入れることは承諾してくれている。必要書類のAの署名押印は私が行うので、この土地を担保に500万円融資してほしい」とのことだった。住宅地図をみたところ、八千代17番の土地は、Aの自宅の北側の土地で道路に接しており、建物の記載があった。担保価値は十分なので、A名義の八千代17番の土地に抵当権を設定してBに融資しようと考えている。

問1 本設例では、長男BがAの権利証や実印等を持参してきているので、Aの署名等をBにかわりに行ってもらって手続を進めても大丈夫か？

問2 抵当権設定契約等は、不動産の登記上の所有者と行えば安心か？

問3 不動産の権利関係や価値の調査はどのように行えばよいか？

問4 担保価値のない未登記建物への抵当権設定は必要か？

1 融資の際に抵当権を設定するのはなぜか？

T あなたのJAでは本設例のような場合、Bへの融資の手続を進めますか？

S 息子のBがAの実印等を持参して来所したのであれば、Aの署名押印はBに代筆してもらって手続を進めると思うのですが……。

T そもそも、融資の際に抵当権を設定して実行することが多いのはなぜですか？

S　返済が滞ってしまった場合、その不動産を債務名義なしで競売申立てでき、配当から優先的に弁済を受けられ、抵当権を登記していれば不動産を他に売却されても競売申立可能で、担保価値のある不動産に抵当権を設定しておけば債権回収が確実となるからです。

T　そうですね。でも、そもそも抵当権が無効となってしまえば、無担保の債権となって不良債権化するおそれが生じますね。また、担保価値を見誤ると十分な債権回収ができなくなってしまいますね。そこで、不動産の価値を慎重に把握し、所有者と設定契約を締結し登記を行うことが大切なのです。所有者に無断で抵当権を設定しても無効ですからね。**「不動産の、価値と所有者、厳格確認！」**が大切なのです。

2　息子の代筆で手続を進めても大丈夫か？

S　Aの署名押印を息子のBに代筆してもらうと無効になるのでしょうか？

T　本人が承諾しているのであれば法的には有効です。日常生活でも、簡単な取引は家族の代筆ですませていることが多いですよね。

S　では、Bの代筆で大丈夫なのですね？

T　いや、代筆ですませてしまうと、本当は本人が承諾していて有効なときでも、後で知らなかった承諾していないといわれて裁判になってしまうことがあるのです。そして、裁判の勝ち負けは、「承諾していた」「承諾していない」のどちらを裁判官が信用するかにかかってきてしまい、予断を許さなくなってしまうのです。JAから依頼されて何百件もの裁判を弁護士として行ってきましたが、勝つか負けるか微妙なのは代筆の事件なんです。

S　そうなのですか……。

T　代筆を承諾していたのに忘れている人もいますが、直筆の署名をみせれば思い出してくれます。それでも責任を免れたくて否定する人もいますが、直筆なら筆跡鑑定で白黒つけられるのです。だから、実印よりも直筆の署名が重要なのです。いいですか、**「所有者の、自署を確認、担**

第4章　抵当権　37

保設定！」です。

S　息子が親の承諾を得ているといって権利証や実印等をもってきていれば信用してもよさそうな気もするのですが……。

T　家族が来ているから安心というのは迷信です。裁判でトラブルになっている事件の多くは、子どもや配偶者が不動産の権利証等を持ち出して売買や担保設定を勝手に行ったというものなのです。友人が来たときのほうが、勝手にもってきているとすれば盗んでもってきているのであり、そのようなことは実は少ないのです。家族は、権利証等を勝手に持ち出しやすい、そして後でいえば承諾してくれるだろうと担保設定等を勝手に行いやすいのです。だから、家族は油断大敵なのです。

S　なるほど。本人による直筆での署名の大切さがよくわかりました。

3　登記上の所有者と手続を行えば安心か？

T　ところで、Aと手続を行えばまったく心配はないということはありませんよ。

S　えっ、Aが所有者として登記されているのですから、Aが所有者で間違いないのではないんですか？

T　本設例では、Aの自宅の北側の土地で所有者はAで間違いないでしょうが、所有者として登記されている人が真実の所有者ではない場合があるのです。たとえば、この土地がAからBの知人のCに3年前に売却されてCが所有者として登記されていたとしましょう。しかし、それは、Bがお金ほしさにAに無断でCに売却したためだとすれば、いくらCが所有者として登記されていたとしても、Cは所有者ではなくAが所有者のままですので、Cと手続を行っても抵当権は無効ということになってしまいますよ。

4　不動産の権利関係や価値の調査はどのように行うか？

S　登記の確認だけでは十分でないとしたらどうしたらよいのですか？

T　長年、その人が使用してきている土地であれば心配はないでしょう。

しかし、最近売買が行われたような土地であれば、現地に行って使用占有している人に現在の所有者がだれか確認する。登記上の前の所有者に現在の所有者に売却したか確認する。すると、登記には現れない権利関係の有無や登記上の所有者と真実の所有者の食い違いがわかることもあります。現地に行くことは、不動産の価値の把握にも大切ですので「**現地行き、価値と使用者、確認だ！**」を忘れないでください。

　さらに、取得時効の期間である20年（民法162条）について権利移転、使用状況を確認すれば安心ですね。不安なときは「**念のため、確認しよう、20年！**」です。

S　わかりました。

T　ところで、住宅地図をみただけで八千代17番の土地に抵当権を設定しても大丈夫と思いますか？

S　住宅地図の番地と一致していれば大丈夫ではないのですか？

T　登記上の地番は住居表示の番地とは違うことがあるので、法務局の公図で担保を設定しようとしている土地の地番を確認することが不可欠ですよ。そうしないと、思っていたのと異なる場所の土地に抵当権を設定していたということが生じるおそれがあります。また、道路との間に細い他の地番の土地が存在していたりすると、道路との行き来が困難になるおそれがあるため担保価値が下がるので注意を要します。「**法務局、公図で確認、場所・地番！**」を忘れないでください。

S　わかりました。公図で場所と地番を確認するのを徹底します。

T　目的の不動産の地番を確認したら、その地番の「**登記簿で、確認しよう、権利関係！**」で、その不動産の登記事項証明書で、所有者がだれか、他の権利関係がどうなっているか等を確認するのです。差押え、仮差押え、仮登記等あったら特に注意しなければなりません。

5　未登記建物への抵当権設定は必要か？

T　それから、未登記の古い建物にも抵当権を設定しておかないと、いざ競売の際に問題が生じますよ。

第4章　抵当権　39

S　えっ、担保価値は０でも費用をかけて抵当権を設定する必要があるんですか？

T　建物にも抵当権を設定しておかないと、建物は競売にかけられずにAの所有建物として残ってしまい、民法388条により法定地上権が発生してAが土地を使用し続けることが可能となるのです。そのような土地を競売にかけても、買い手がつかなかったり、値段が下がってしまったりするのです。

S　それは困りますね……。

T　建物への抵当権設定を失念して困ってしまったJAから相談を受けることもあるのですが、仕方ないので貸金請求の裁判を起こして判決をとり、建物は判決による強制執行による競売、土地は抵当権による競売の申立てを行い、裁判所に一緒に売却してもらう方法で解決しています。そんな無駄な裁判を起こさざるをえなくならないように、現地に行って建物の有無を確認し、建物があったら古くて未登記でも抵当権を設定することを徹底してください。「**建物が、あったら必ず、担保設定！**」です。

ここが勘所！

【勘所10】「不動産の、価値と所有者、厳格確認！」

　抵当権等の担保を設定しても、価値が債権金額に満たなければ十分な債権回収はできず、そもそも真実の所有者と担保設定契約を行っていないと担保が無効となってしまいます。

　そこで、不動産の価値と所有者は、厳格に確認することが大切です。

【勘所11】「所有者の、自署を確認、担保設定！」

　担保設定が無効だと主張されないように、設定者の署名は、担当者がみているところで、設定者（所有者）本人にしてもらいましょう。

【勘所12】「法務局、公図で確認、場所・地番！」

　不動産の調査をするにあたっては、まず法務局に備え付けてある公図で不動産の場所と地番を確認しましょう。

【勘所13】「登記簿で、確認しよう、権利関係！」

次に、不動産の登記事項証明書で、所有者がだれか、他の権利関係がどうなっているか等を確認します。

差押え、仮差押え、仮登記等あったら特に注意しなければなりません。

【勘所14】「現地行き、価値と使用者、確認だ！」

現地に行って不動産の状態、使用者を確認することにより、不動産の価値、登記には現れない権利関係の有無、登記上の所有者と真実の所有者の食い違いの有無を確認できることがありますので、忘れずに行ってください。

【勘所15】「念のため、確認しよう、20年！」

登記上の所有者を真実の所有者と信用して担保設定を行っても、その所有権移転登記が勝手に行われたものだったりすると、担保設定も無効となってしまいます。

そこで、もし少しでも不安な点がある場合は、取得時効の期間である20年（民法162条）について、権利移転、使用状況を確認すると安心です。

【勘所16】「建物が、あったら必ず、担保設定！」

建物が存在したら、古くてあまり価値がないと思われるものであろうと、未登記のものであろうと、必ず担保設定を行いましょう。

これを怠ると、建物について競売を行えず、さらに法定地上権が発生するため（民法388条）、債権回収に支障をきたすこととなってしまいます。

2 根抵当権とは

この節のポイント

根抵当権……一定の範囲に属する不特定の債権を極度額の限度で担保する抵当権（民法398条の2）

> 普通の抵当権は、特定の債権を担保し、根抵当権は、不特定の債権を担保する。そのため、取引が継続する場合は、根抵当権が便利である。
> しかし、根抵当権の利用にあたっては、被担保債権の範囲と確定に注意する必要がある。

普通の抵当権は、特定の債権を担保し、その債権が消滅すれば一緒に消滅し（附従性）、その債権が移転すれば一緒に移転（随伴性）することになります。

そのため、継続的取引のある債権者債務者間において債権担保のために普通の抵当権を利用すると、債権が発生したつど抵当権を設定し、債権が消滅

図2

```
●普通の抵当権
  ・被担保債権…特定債権
      附従性（債権とともに消滅）
      随伴性（債権とともに移転）
        →債権の発生・消滅ごとに設定・抹消が必要
  ・優先弁済権…利息損害金は最後の2年分（民法375条）
              ただし、後順位の担保権者がなければ全額
●根抵当権
  ・被担保債権…一定範囲の不特定債権
      確定前は附従性・随伴性なし
      弁済による代位も生じない（民法398条の7）
      全部・分割・一部譲渡可能（民法398条の12、398条の13）
        →個々の債権の発生・消滅ごとの設定・抹消が不要
  ・優先弁済権…確定した債権について極度額の限度
              利息損害金の制限はなし（民法398条の3）
```

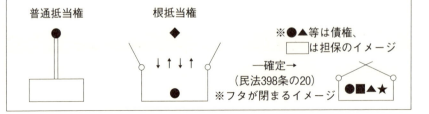

したつど抵当権を抹消しなければならず、その手間と費用および優先弁済の順位の保全上不便です。

その不便を解消するために認められたのが根抵当権であり、根抵当権は、一定の範囲に属する不特定の債権を極度額の限度で担保する抵当権なのです（民法398条の2）。

根抵当権を設定しておけば、被担保債権の範囲に含まれる債権は極度額の限度ですべて担保されることとなるため、普通の抵当権より債権回収には便利です。

そこで、債権回収のための事前の対策として根抵当権が広く利用されているのですが、根抵当権といえども被担保債権の範囲に含まれない債権は担保しませんし、被担保債権の範囲に含まれる債権といえども確定後に発生した債権は担保しません。そのため、根抵当権を利用する際には、被担保債権の範囲と確定に注意する必要があるのです。

なお、普通の抵当権と根抵当権の主な違いを整理すると、図2のとおりです。

3 根抵当権の被担保債権の範囲

この節のポイント

❶ すべての債権を担保する包括的な根抵当権は認められていないため、被担保債権について、特定の継続的取引契約、一定の種類の取引等により一定の範囲を定めて登記しなければならない。

❷ 注意点……担保したい債権がもれないようにする。
　消費貸借取引、売買取引、当座貸越取引および保証取引は必ず登記するようにし、他はJAの事業の実情に応じて登記する。
　なお、組合員口座貸越、購買貸越、畜産購買貸越等のJA特有の制度および準消費貸借契約（書替）の取扱いに注意を要する。

(1) 範囲の定め方

　債権者債務者間に発生するすべての債権を担保する包括的な根抵当権は認められておらず、一定の範囲を定めて被担保債権の範囲を登記しなければなりません（民法398条の2）。

　その定め方は後述のとおりですが、いくら根抵当権を有していても、回収しようと思う債権がその根抵当権の被担保債権の範囲に含まれていなければ債権回収できないこととなるので注意を要します。

　被担保債権の範囲の定め方は、民法の条文（民法398条の2）および通達により定められていますが、分類整理すると次のとおりです。

a　特定の継続的取引契約

　債権者債務者間に特定の継続的取引契約がある場合、その契約を被担保債権の範囲として登記でき、その契約から生じた債権は担保されることとなります。

　担保される債権は、その具体的契約の内容で判断されることとなります。

　なお、その契約の成立以前に発生していた債権は、その契約から生じた債権とはいえないので担保されないとする考え方もあるので注意を要します。

　具体的には、契約の成立年月日・名称を登記することとなります。

　　例：○年×月△日組合員口座貸越契約
　　　　○年×月△日購買貸越契約

b　一定の種類の取引

　債権者債務者間に予想される一定の種類の取引を登記でき、その取引に該当する債権は担保されることとなります。

　担保される債権は、その登記された取引名称から客観的に判断されることとなります。そのため、登記できる取引名称は、範囲が一定の範囲に画され、内容を第三者が認識できるものでなければならず、農業協同組合取引、組合員口座貸越取引、購買貸越取引等は、現在のところ法務局では登記を受け付けていません。

　なお、登記前に発生していた債権でも、登記した一定の種類の取引に該当

するのであれば担保されると考えられています。

　具体的には、次のような取引の名称を登記することとなります。
　　例：消費貸借取引、売買取引、保証取引、賃貸借取引
　　　　請負取引、運送取引、委託取引、加工委託取引
　　　　販売委託取引、当座貸越取引、銀行取引……

c　特定の原因に基づき継続して生ずる債権

　公害による損害賠償等のように特定の原因から債権が継続して生じる場合、その債権を担保することもできます。

　具体的には、次のように登記することとなります。
　　例：甲工場の廃液による損害賠償債権

d　手形・小切手債権

　取得した原因を問わず、手形・小切手債権は、登記しさえすれば根抵当権の被担保債権とすることができます。

e　特定債権

　すでに発生している特定の債権を根抵当権の被担保債権とすることもでき、具体的には、次のように登記することとなります。
　　例：○年×月△日貸付金

(2) 注 意 点

　担保したいと思う債権がもれることのないように被担保債権の範囲を設定することが重要であり、特に次の点に注意を要します。

a　消費貸借取引、売買取引、当座貸越取引および保証取引は必ず登記

　JAの有する債権のほとんどは、貸金または売買代金です。

　そこで、消費貸借取引（貸金）と売買取引は欠かせず、またこの取引だけでは保証人としての債務は担保されないので保証取引も欠かせないことになります。

　組合員口座貸越、購買貸越等の貸越制度を設けているJAも多いですが、これらの貸越制度については、当座貸越に当たるか明確ではないのですが当たるとの考えも有力ですので、当座貸越取引も登記しておきましょう。

根抵当権は［資料１］のような証書で設定契約を行いますが、［資料１］の第１条２．①のように不動文字で印刷しておき、他については、JAの事業の実情に応じて定めて登記しましょう。

b 組合員口座貸越、購買貸越、畜産購買貸越等について

これらは、JA特有の制度であるがゆえに一定の種類の取引としては登記が受け付けられません。当座貸越取引は、登記できるのですが、前述のとおりこれらの貸越制度を担保するとは断言できません。

そこで、これらについては特定の継続的取引契約として登記しておくと安心です。

なお、これらの取引約定書に期限を設定していた場合、期限到来により更新したり約定書を再締結したりしたときは、被担保債権の範囲を新しい約定書に変更する登記が必要となります。

万が一、これらの貸越金債権を有していながら特定の継続的取引契約としての登記を行っていない場合でも、貸越金の実体が生産資材等の売買代金なのであれば、売買代金として債権届して売買取引により担保させることが、貸越金の実体が貸金なのであれば、貸金として債権届して消費貸借取引により担保させること可能ですので検討してください。

c 準消費貸借契約（書替）

いわゆる書替は、法的には準消費貸借契約（民法588条）と呼ばれるものであることが多いです。なお、書替の注意点については、第10章１で説明します。

準消費貸借については、準消費貸借取引という一定の種類の取引としての被担保債権の登記は受け付けられておらず、消費貸借取引でも担保されないおそれがあります。

そこで、書替の際は、根抵当権の被担保債権との関係で、被担保債権の範囲から外れることのないように注意を要します。

なお、書替前の債権がその根抵当権で担保されているのであれば、書替後の債権も担保されると一般に考えられていますので、書替後の債権を根抵当権で担保させて回収しようとする際には、この考えの主張も考えられます。

設例5　根抵当権と被担保債権の範囲の基礎と注意点を理解する

　JAは、養豚農家Aに経営資金を融資したり餌を売り渡したりしてきていたが、平成20年4月10日に極度額500万円の畜産購買取引契約を締結し、同日にA所有の不動産に債務者はA、被担保債権の範囲は「消費貸借取引」「売買取引」「平成20年4月10日畜産購買取引契約」、極度額1,000万円の根抵当権を設定していた。最近、餌の購買未収金が畜産購買取引契約の極度額に近づいてきたので、300万円を証書貸付に書き替えることを検討している。

```
         経営資金・餌代金
 JA  ─────────────────→  A
```

　　平成20年4月10日に極度額500万円の畜産購買取引契約を締結
　　同日、次の内容の根抵当権をA所有不動産に設定
　　（極度額は1,000万円・債務者はA・被担保債権の範囲は「消費貸借取引」
　　　「売買取引」「平成20年4月10日畜産購買取引契約」）

問1　平成18～19年頃に販売した餌の購買未収金は、この根抵当権の被担保債権の範囲の「平成20年4月10日畜産購買取引契約」により担保されるか？

問2　平成19年10月10日にAに融資した貸金はこの根抵当権の被担保債権の範囲の「消費貸借取引」により担保されるか？

問3　平成22年4月7日にAに保証人になってもらってBに融資した貸金はこの根抵当権の被担保債権の範囲の「消費貸借取引」により担保されるか？

問4　購買未収金のうち300万円を証書貸付に書き替えたら、その貸付金は、この根抵当権の被担保債権の範囲の「消費貸借取引」により担保されるか？

1　根抵当権の便利さと三つの限界

T　JAは、組合員との取引の担保として根抵当権を利用することが多い

第4章　抵当権　47

と思うのですが、それはなぜでしょうか？

S　普通の抵当権は、特定の債権を担保するものなので、継続的な取引のある組合員との間で利用すると、債権が発生したつど抵当権を設定し、債権が消滅したつど抵当権を抹消しなければならなくて、その手間と費用や抵当権の順位の保全上不便だからです。

　ところが、根抵当権は、一定の範囲に属する不特定の債権を極度額の限度で担保する抵当権なので、1度設定すれば被担保債権の範囲に含まれる債権は極度額の限度ですべて担保されることになり、債権回収には便利だからです。

T　そのとおりですね。だから、債権回収のための事前の対策として根抵当権が広く利用されているのですが、当たり前のことですが「**根抵当、配当来ない、極度オーバー！**」と極度額を超えた債権は担保されない（①）、被担保債権の範囲に含まれない債権は担保されない（②）、確定後に発生した債権は担保されない（③）、という三つの限界があることには注意してくださいね。

2　被担保債権の範囲はどう定めるか？

S　注意してきているつもりなのですが、本設例の問のような場合に被担保債権の範囲に含まれるかどうか自信をもって答えられません。その組合員に対してJAが有するすべての債権を担保するような根抵当権は設定できないのでしょうか？

T　残念ながら債権者債務者間に発生するすべての債権を担保する包括的な根抵当権は認められていませんので、一定の範囲を定めて被担保債権の範囲を登記しなければなりません。債権の範囲の定め方としては、「特定の継続的取引契約」「一定の種類の取引」「特定の原因に基づき継続して生ずる債権」「手形・小切手債権」「特定債権」がありますが、いくら根抵当権を有していても「**根抵当、範囲を超えたら、担保せず！**」で、回収しようと思う債権が登記された根抵当権の被担保債権の範囲に含まれていないと担保されないこととなるので注意が必要なのです。

代表的な定め方である「特定の継続的取引契約」「一定の種類の取引」について設例の問を考えながら説明しましょう。

3 特定の継続的取引契約の注意点は？

T 債権者債務者間に特定の継続的取引契約がある場合、その契約を「○年×月△日＊＊取引契約」と被担保債権の範囲として登記できます。すると、その契約から生じた債権は担保されることとなります。担保される債権は、その具体的契約の内容で判断されることとなります。

S Aとは平成20年4月10日に畜産購買取引契約を締結したのですが、それ以前の平成18～19年頃に販売した餌の購買未収金は、この契約を登記しておけば担保されるのでしょうか？

T その特定の継続的取引契約から生じた債権が担保されるのですから、その契約締結以前に発生していた債権は、その契約から生じた債権とは言いがたいですよね。そのため、担保されないと考えられていますので注意してください。

S すると、平成20年4月10日以前の購買未収金は無担保になってしまうのですか？

T 購買未収金というのは、売買代金ですよね。「一定の種類の取引」として「売買取引」が登記されているのであれば、それで担保されることになるのです。

4 一定の種類の取引の注意点は？

T 「一定の種類の取引」とは、債権者債務者間に予想される一定の種類の取引を消費貸借取引、売買取引、保証取引、賃貸借取引、当座貸越取引、銀行取引などと登記でき、その取引に該当する債権は担保されることとなるのです。

　担保される債権は、その登記された取引名称から客観的に判断されることとなります。そのため、登記できる取引名称は、範囲が一定の範囲に画され、内容を第三者が認識できるものでなければならず、農業協同

組合取引、組合員口座貸越取引、購買貸越取引等は、法務局では登記を受け付けていません。

S　根抵当権を設定登記したのが平成20年4月10日の場合、それ以前の平成19年10月10日にAに融資した貸金は、消費貸借取引で担保されるのでしょうか？

T　「一定の種類の取引」の場合は、根抵当権の登記前に発生していた債権でも、その取引に該当するのであれば担保されますので担保されます。

S　平成22年4月7日にAに保証人になってもらってBに融資した貸金は、貸金は消費貸借取引で担保されるわけですから、この根抵当権の被担保債権の範囲の「消費貸借取引」により担保されますね？

T　いや、被担保債権に該当するかどうかは債務者として登記されたAを主体として判断するのですが、Aにとっては貸金債務ではなく保証債務ですので「消費貸借取引」には該当せず担保されません。

5　準消費貸借契約（書替）の注意点は？

S　購買未収金のうち300万円を証書貸付に書き替えたら貸金となるのですから、「消費貸借取引」で担保されると考えてよいでしょうか？

T　書替の方法によりますね。消費貸借契約は、返還を約束して金銭を授受するものですが、すでに発生している債務を金銭の授受なく証書貸付化するのは、法的には準消費貸借契約（民法588条）と呼ばれるものなのです。

　準消費貸借契約については、準消費貸借取引という一定の種類の取引としての被担保債権の登記は受け付けられていませんし、消費貸借取引でも担保されないと考えられています。

S　すると書替は行わないほうがよいでしょうか？

T　書替でも、証書貸付の元金を組合員の口座に入金し、そこから購買未収金等のすでに発生している債務を出金・清算するという方法もありますね。その方法ですと、金銭の授受が行われていると考えられますので

消費貸借契約であり、消費貸借取引で担保されることになります。

　債権の管理・回収のため書替を行ったほうがよい場合がありますが、その場合は、根抵当権の被担保債権との関係に注意しながら行えばよいのです。

S　準消費貸借契約に該当する書替を行ってしまっていたら、本設例の根抵当権では担保されないこととなってしまうのでしょうか？

T　準消費貸借契約の前後の債権は実質的には同一であり、以前の債権の担保・保証の効力は、以後の債権にも及ぶと考えられていますので、書替前の購買未収金が売買取引に該当して担保されるので、書替後の証書貸付も担保されるとの主張を行うことが可能です。ですが、そのような主張を行わないでもすむように、書替を行う際は慎重に行うことが大切です。

6　被担保債権の範囲で悩まないためには？

S　なんかむずかしそうで根抵当権を利用することが不安になってきました……。

T　そんなに悩む必要はないですよ。ポイントは、担保したいと思う債権がもれることのないように被担保債権の範囲を設定することです。そのためには、消費貸借取引、売買取引、保証取引および当座貸越取引は、「根抵当、忘れず登記、消費貸借・売買・保証・当座貸越！」と最初から根抵当権設定契約書に印刷しておき必ず登記すると安心です。というのは、JAが組合員に有する債権のほとんどは貸金または売買代金なので、消費貸借取引と売買取引は欠かせず、またこの取引だけでは保証人としての債務は担保されないので保証取引も欠かせないことになります。組合員口座取引や購買貸越等は、当座貸越に該当するとの考え方が有力ですので当座貸越取引も登記しておく。これで、JAが組合員に有する債権のほとんどすべてがカバーされることになりますので、後はJAとその組合員との取引の実情に応じて登記すれば大丈夫ですよ。

> ここが勘所！

【勘所17】「根抵当、配当来ない、極度オーバー！」

　根抵当権で優先弁済権が認められるのは、極度額の限度であり、極度額をオーバーした金額については、不動産が高く売れて剰余金が生じてもまったく配当は来ません。

【勘所18】「根抵当、範囲を超えたら、担保せず！」

　いくら根抵当権を有していても、回収しようと思う債権がその根抵当権の被担保債権の範囲に含まれていなければ債権回収できないこととなります。

　そこで、担保したいと思う債権がもれることのないように、被担保債権の範囲を設定することが大切です。

【勘所19】「根抵当、忘れず登記、消費貸借・売買・保証・当座貸越！」

　被担保債権の範囲として、消費貸借取引、売買取引、保証取引および当座貸越取引は設定契約書に不動文字で印刷しておき必ず登記しましょう。

　JAが有する債権は、だいたいこのいずれかに該当することが多いからです。他については、JAと債務者の取引の実情に応じて定めて登記しましょう。

4　根抵当権の確定

> この節のポイント
>
> 　根抵当権は、一定の確定事由が生じると確定し、確定後に発生した債権は、担保されない。
> 　特に、第三者の差押えによっても確定すること、根抵当権者自身が競売申立てした場合は、取下げても確定の効力は消滅しないこと等に注意を要する。

(1) 確定とは

　根抵当権によって担保される被担保債権の元本は、一定の確定事由が生じると確定し、確定後に発生した債権は、被担保債権の範囲に含まれていても、極度額まで余裕があっても担保されないこととなります。

　根抵当権は、確定後は、確定時までに発生した債権のみを担保することとなり、附従性・随伴性を有することになり、弁済による代位も生じることになります。そのため、普通の抵当権に似てくることになります。

　確定に気づかずに根抵当権で担保されると誤解して新規の融資を行うと、実際にはその融資は無担保の融資であり、思わぬ不良債権を生じさせる結果になることもあります。

　そこで、どのような場合に根抵当権が確定するか熟知しておくことが大切です。

(2) 確定事由

　根抵当権の確定事由は次のとおりです。

a　確定期日（民法398条の6）

　確定期日を定めていたときは、その期日に確定します。

　しかし、確定期日は定めないことが多いので問題になることは少ないです。

b　相続（民法398条の8）

　根抵当権者または債務者に相続が開始したときは、6カ月以内に新たな根抵当権者または債務者を定めて登記しないと確定します。

　そこで、債務者が死亡した場合、根抵当権を確定させずに債務者の相続人との取引、貸付等の担保に利用したいと考えるときは、［資料2］または［資料3］の根抵当権変更契約証書を締結し、相続による債務者の変更登記を行ったうえで債務者指定の合意の登記を行う必要があります。

　なお、債務者を複数登記している場合は、一人の債務者について確定が生じても他の債務者については確定が生じません。そこで、債務者の農業の後

継者も一緒に債務者として登記しておくと、債務者が死亡した場合でも後継者へのJAとの取引の承継がスムーズにいきます。

c　合併（民法398条の9）

根抵当権者または債務者に合併があったときは、根抵当権設定者は合併を知ってから2週間以内に確定の請求ができます。

d　確定請求（民法398条の19）

根抵当権設定者は、確定期日の定めのないときは、設定から3年経過すると確定の請求ができます。

e　その他（民法398条の20）

次のような場合にも確定が生じます。

① 根抵当権者が抵当不動産を差押えしたとき

根抵当権者自身が根抵当権に基づき競売申立てして差押えしたときや、根抵当権を設定していた不動産に強制執行として差押えしたときは、根抵当権は確定します。

根抵当権者自身による差押えにより確定した場合は、競売を取り下げても確定の効力は消滅せず、その後に発生した債権は担保されなくなるので注意を要します。

② 第三者が抵当不動産を差押えしたとき

第三者が抵当不動産を差押えしたときは、根抵当権者がその差押えを知って2週間で確定します。

根抵当権を有していると、その不動産について第三者が差押えを行うと裁判所から［資料8］のような債権届出の催告書が来ることになり、それにより差押えを知ることになります。そして、それから2週間で根抵当権が確定することになり、その後に発生した債権は担保されなくなるので注意を要します。

なお、第三者による差押えの場合は、差押えの効力が消滅すれば確定しなかったこととなります。

③ 債務者または根抵当権設定者の破産

債務者または根抵当権設定者が破産したときは、根抵当権は確定します。

なお、破産の効力が消滅すれば確定しなかったこととなります。

(3) 注 意 点

a　複数の不動産に根抵当権を設定している共同担保の場合は、その一部の不動産に確定が生ずれば、全体について確定（民法398条の17）することとなります。

b　確定後に発生した債権は担保されません。

　それゆえ、JAが競売申立てした後、第三者が差押えした後は、新規の貸付、購買品の供給等により新たな債権を発生させることのないように注意を要します。

　JAが競売申立てした後、債務者が全部または一部の弁済を行い、競売を取り下げることもありますが、そのような場合でも確定の効力は消滅しないので、その後の貸付、購買品の供給等にあたっては、新規に根抵当権等の担保設定の必要があります。

設例6　根抵当権の確定の基礎と注意点を理解する

　JAは、養豚農家Aに経営資金を融資したり餌を売り渡したりしてきていたが、平成22年12月24日にA所有の自宅と田を共同担保として債務者はAとその長男B、被担保債権の範囲は「消費貸借取引」「売買取引」、極度額金1,000万円の根抵当権を設定しており、現時点ではAに対して金300万円の貸金債権を有している。ところが、Aが次男Cの消費者金融からの100万円の借金の保証人となっていたため、消費者金融から自宅を差押えされてしまった。JAは、5カ月前に裁判所から債権届出の催告書が届き差押えを知ったが、Aが当初はJAへの債務の支払を怠っていなかったため餌の供給を続けていた。ところが、消費者金融問題のためか2カ月前から貸金の返済が滞り、餌代金も直近3カ月分の300万円が未収となっている。

　JAは、Aから消費者金融問題解決のための100万円の融資依頼を受けたのだが、融資を断ってJAも競売申立てして滞納が解消されたら取り下げ

ようかと考えている。

```
┌──┐ 経営資金・餌代金 ┌─┐
│JA│ ───────────→ │A│
└──┘              └─┘
                   B（長男）
```

平成22年12月24日に次の内容の根抵当権をA所有の自宅・田に設定
　極度額は1,000万円・債務者はAとB・被担保債権の範囲は「消費貸借取引」「売買取引」

　┌─自宅←消費者金融から100万円の保証債務で差押え
　└─田

JA：5カ月前に消費者金融の差押えを知る。
　　最近3カ月分の餌代金300万円が未収となっている。
　　Aから消費者金融問題解決のため100万円の融資依頼を受ける。

問1　餌代金の未収金300万円は、田に設定した根抵当権で担保されるか？

問2　JAが競売申立てして取り下げた後の餌代金は、この根抵当権で担保されるか？

問3　消費者金融への返済資金の融資は、餌代金の未収金の回収への効果的な方法か？

問4　消費者金融の差押えが取り下げられた後にAが死亡した場合、その後にBに融資した貸金はこの根抵当権で担保されるか？

1　確定に要注意！

T　問1の餌代金300万円は本設例で田に設定した根抵当権で担保されると思いますか？

S　売買取引に該当して担保されているし、極度額まで余力もあるので担保されると思うのですが……。

T　根抵当権には、①極度額を超えた債権は担保されない、②被担保債権の範囲に含まれない債権は担保されない、③確定後に発生した債権は担保されない、という三つの限界がありましたね。餌代金は、極度額と被担保債権の範囲はセーフですが、確定の問題でアウトですね。JAが消

費者金融の差押えを知ってから2週間で根抵当権は確定しています。餌代金300万円はその後に発生したものですから、根抵当権で担保されない無担保の債権になってしまっています。
S　極度額には余裕があるので、何とか担保されるようにするよい方法はないのでしょうか?

2　確定するとはどういうことか?
T　本設例ではAにも感謝されるよい方法がありますよ。でも、それを説明する前に、今後のために確定の基本を押さえておきましょう。そもそも根抵当権が確定するとはどういうことでしたか?
S　根抵当権が確定するとは、根抵当権によって担保される被担保債権の元本が一定の確定事由が生じると確定し、確定後に発生した債権は、被担保債権の範囲に該当していても、極度額まで余裕があっても、担保されなくなるということです。
T　そうです。「**根抵当、確定したら、担保せず!**」なんです。その確定に気づかずに根抵当権で担保されると誤解して新規の融資などを行うと、無担保の融資となってしまい、思わぬ不良債権を生じさせるおそれもあるので注意が必要なのです。本設例の餌代金の未収金はその典型例ですね。
　根抵当権は、会員制の人気飲食店だと思ってください。席の数が極度額、店に入れる会員資格が被担保債権の範囲、そして閉店時間が確定。店の会員で席の数に空きがあったとしても、閉店時間になった後は入店できませんよね。デートの際には閉店時間をきちんと調べておくのと同様に、根抵当権がどんなときに確定するかきちんと理解しておくことが大切になります。

3　どんなときに確定するのか?
S　きちんと理解したいと思いますので、根抵当権がどんなときに確定するのか教えてください。

T　民法に規定されているのですが、①確定期日を定めていればその期日に確定し（民法398条の6）、②確定期日の定めがなければ設定から3年経過すると根抵当権設定者は確定請求できます（民法398条の19）。③根抵当権者または債務者に合併があると根抵当権設定者は合併を知ってから2週間以内に確定の請求ができ（民法398条の9）、④根抵当権者または債務者に相続が開始すると6カ月以内に新たな根抵当権者または債務者を定めて登記しないと確定します（民法398条の8）。⑤債務者または根抵当権設定者が破産したとき（民法398条の20第1項4号）、⑥根抵当権者が抵当不動産を差押えしたとき（民法398条の20第1項1号）、⑦第三者が抵当不動産を差押えしたことを根抵当権者が知って2週間経過したときも確定します（民法398条の20第1項3号）。

　　JAの債権管理上は、①～③が問題となることはほとんどありませんので、④～⑦を「**確定だ、破産・相続・差押え！**」と覚えておけば足るでしょう。

S　JAの根抵当権は、消費者金融によるAの自宅の差押えを知って2週間で確定したため、その後に発生した餌代金は担保されないわけですね。でも、差押えされたのは自宅なので、田の根抵当権は確定しておらず担保されることにはならないのでしょうか？

T　共同担保としている場合は、その一部の不動産に確定が生ずれば、全部の不動産について確定が生じますので（民法398条の17）、田の根抵当権も確定してしまっているのです。「**共担（共同担保）は、一部確定、全部確定！**」と覚えておきましょう。

　　なお、債務者が複数登記されている場合は、一部の債務者について確定が生じても、他の債務者については確定しません。ですから、問4のBへの貸金は、この根抵当権で担保されるのです。

　　本人が死亡した後も後継者との取引にその根抵当権を確定させずに利用したい場合は、本人とともに後継者も債務者として登記しておくと、民法398条の8のめんどうな登記を行わなくともその根抵当権を後継者のために利用し続けられるので便利ですよ。

4 差押えを取り下げると確定はどうなるか？

S 餌代金の未収金を根抵当権で担保されるようにするよい方法をそろそろ教えてください。

T Aに融資して消費者金融問題を解決させ自宅への差押えを取り下げてもらうと、民法398条の20第2項で確定しなかったものとみなされるので、餌代金はJAの根抵当権で担保されることになります。ですから、問3は効果的な方法なのです。ただし、融資金が他に流用されないように注意することが必要です。

S なるほど、そういう方法があったのですね。差押えが取り下げられると確定しなかったことになるので、JAが競売申立てして取り下げるということも選択肢としてはあるのですね。

T いや、根抵当権者自身による差押えにより確定した場合は、取り下げても確定の効力は消滅せず、その後に発生した債権は担保されなくなります。ですから、問2の餌代金は、本設例の根抵当権では担保されないのです。JAが競売申立てして差押えを行ってしまうと、その後の融資は確定後に発生した債権として根抵当権で担保されない債権となってしまうので注意してください。

5 まとめ

S わかりました。今後は確定に注意していきます。

T JAのなかで融資事業と購買事業の担当者が異なるような際、確定についての情報が共有されていないと確定を知らないまま餌の供給を続けて不良債権をふくらませてしまうことがあります。そうならないようにするため、確定の基本を頭に刻み込み、確定の情報をJA全体で共有し、債権回収のための有効な対策がとられない限り、「**確定後、貸すな、売るな、書き替えるな！**」と新たな債権を発生させないようにするとよいですよ。

ここが勘所！

【勘所20】「根抵当、確定したら、担保せず！」

根抵当権は、一定の確定事由が生じると確定し、確定後に発生した債権については、担保しません。

そこで、どのような場合に根抵当権が確定するか熟知しておくことが大切です。

【勘所21】「確定だ、破産・相続・差押え！」

根抵当権の主な確定事由は、債務者または根抵当権設定者の破産、債務者の相続開始、抵当不動産への差押えです。

【勘所22】「共担（共同担保）は、一部確定、全部確定！」

複数の不動産に根抵当権を設定している共同担保の場合は、その一部の不動産に確定が生ずれば、全部が確定しますので注意しましょう。

【勘所23】「確定後、貸すな、売るな、書き替えるな！」

確定後に発生した債権はその根抵当権では担保されませんので、新たな担保設定等が行われない限り、貸付、掛売り等は行わないようにしましょう。

第5章

債権の調査

> **この章のポイント**
>
> ❶ JAが債務者に有しているすべての債権について、種類、発生日、弁済期、元金、利息、損害金、担保および保証人を調査・整理し、証書類のコピーを添付する。
>
> ❷ 消滅時効について調査し、貸金でも相手方が商人に該当すれば時効期間が5年になること、請求書では時効が中断しないことに注意し、時効にかかりそうな場合は、承認を上手に利用して時効の中断の手続を行う。

債権回収を行うにあたっては、まず、JAが債務者に対してどのような債権をどのくらい有しているのか把握・整理しておくことが大切です。

そこで、債権の基本事項を調査して理解しやすいように整理するとともに、債権を時効で消滅させることのないように消滅時効の調査を行うことが必要となります。

1 債権の基本事項の調査

JAが主債務者に有しているすべての債権について、一口ごとに次の事項を調査して整理し、それを根拠づける証書類のコピーを添付します。

なお、必要に応じて、保証人および主債務者の家族についても調査しましょう。

(1) 調査整理する基本事項

① 種　類

JAが有する債権には貸金、売買代金、組合員口座貸越金、購買貸越金等のいろいろのものがあるので、どのような種類の債権なのか調査・整理します。

② 発生日

債権がいつ発生したのか、貸金であれば貸付日（証書の日付でよい）、各種

貸越金であれば基本となる取引約定書の日付、売買代金であれば販売した期間（いつからいつまで販売したものの代金なのか）等を調査・整理します。

③ 弁済期

弁済方法・弁済期日がどのようになっているのか調査・整理します。

④ 元　金

当初の元金の金額、これまでの入金状況、現在の残高を調査・整理します。

⑤ 利　息

利率、これまでの入金状況、現在の残高およびその計算式を調査・整理します。

⑥ 損害金

利率、これまでの入金状況、現在の残高およびその計算式を調査・整理します。

⑦ 担　保

その債権について担保を有しているかどうか、どのような担保を有しているか（抵当権、根抵当権、共済担保、定期積金担保等）、その担保によりどれくらいの金額を回収できる見込みかを調査・整理します。

⑧ 保証人

その債権について保証人を有しているかどうか、保証人の住所・氏名・年齢、その保証人によりどれくらいの金額を回収できる見込みかを調査・整理します。

(2) 証書類のコピーの添付

借用証書、取引約定書、残高明細書、計算書等の債権を根拠づける証書類のコピーを添付します。

これは、債権の基本事項の確認のためと、原本紛失の防止のためです。

2　消滅時効の調査

債権は、一定期間行使しないでいると時効により消滅してしまいます。

そこで、消滅時効に注意し、時効が完成しそうな場合は、時効を中断する方法をとらなければなりません。

(1)　時効期間

　時効は、権利を行使することができる時（弁済期）から進行し（民法166条）、弁済期が到来していれば請求を見合わせていても進行します。
　JAが関係しそうな主な債権の時効期間は、次のとおりです。
・10年…貸金、組合員口座貸越金、購買貸越金（民法167条）
　　　　ただし、相手方が商人の場合は、5年となります（商法522条）。
・5年…賃料、利息（民法169条）
・3年…請負工事代金、修理代金（民法170条）
・2年…生産者・卸売商人・小売商人の売買代金（民法173条）
　　　　ただし、JAは生産者または商人に該当しないとして、2年の時効を否定する判例が主流です。
・1年…運送賃、飲食料（民法174条）
　　　　なお、確定判決、和解調書または調停調書を有する債権は、10年の時効期間となります（民法174条2項）。

(2)　時効の中断

　時効は、次の事由によって中断し（民法147条）、その中断事由の終了した時からもう一度0から進行を始めます（民法157条）。
① 請　　求
　時効を中断する請求とは、裁判上の請求が原則です。
　裁判外の請求書は、催告の効力しかなく、6カ月以内に裁判上の請求等を行わなければ中断の効力が生じない（民法153条）ので、注意を要します。
② 差押え、仮差押えまたは仮処分
　このような法的手続を行えば時効は中断します。
③ 承　　認
　どのような形式であれ、債務者が債務の存在を認めれば、時効は中断しま

す。

債務者が［資料4］のような債務承認書に署名した場合がその典型ですが、債務の一部弁済、［資料5］のような分割払いのお願いへの署名も、その前提としての債務の存在を認めているわけであるから承認に当たり、時効が中断されることになります。

そのため、時効の中断のためには、承認の活用が効率的なのです。

(3) 中断の方法

請求書だけでは時効は中断しないことに注意し、次のような方法をとらなければなりません。

① 時効期間経過直前

債務者から債務の承認をとりましょう。

承認をとれない場合は、訴訟、差押え、仮差押え等の法的手続をとります。

② 時効期間経過後

時効は援用されてはじめて効力を生じます（民法145条）。時効期間経過後といえども、債務者が時効を主張しないで（時効に気づかないで）承認すれば、債務者は時効を主張できなくなるとするのが判例です。

そこで、減免申込書等により、債務者から債務の承認をとるよう努力しましょう。

(4) 民法改正法案での消滅時効についての改正の概要

近日中に成立が見込まれるの民法改正法案では、消滅時効についての改正が予定されていますので、その概要を説明しておきます。なお、改正後も、時効で債権を消滅させないようにするためには、承認を上手にとることが勘所であることは変わりません。

a 原則的な時効期間と起算点

1～3年の短期消滅時効を廃止し、原則10年だったものが次のように統一されます。

　① 権利を行使することができることを知った時（主観的起算点）から

　　　　5年

　　② 権利を行使することができる時（客観的起算点）から10年
　b　時効障害事由
　「中断」を0から再スタートすることであることを明確にするため「更新」という言葉に置き換えたうえ、現在は中断が中心だったものを、完成猶予を中心に再編しています。概略は次のとおりです。
① 完成猶予
　時効期間の完成前に以下に記載の完成猶予事由が生じれば、時効は完成しません。
　完成猶予事由が終了すれば、終了時から6カ月間、時効は完成しません。
　　ア　権利行使の意思を明らかにしたと評価できる事由
　　　・裁判上の請求
　　　・強制執行等
　　　・仮差押え等
　　　・催告
　　イ　協議による時効の完成猶予
　　ウ　天災等　ただし、障害消滅時から3カ月
② 更　　新
　時効期間の完成前に以下に記載の債権（権利）の存在について確証が得られたと評価できる更新事由が生じれば、新たに0から時効の進行を開始します。
　　ア　確定判決等で権利が確定した時
　　　　新たな時効期間は10年となる。
　　イ　強制執行等の手続が終了した時
　　　　ただし、取下げ・取消しによる終了を除く。
　　ウ　権利の承認があった時
　　　　なお、承認に行為能力等は不要。

設例7　消滅時効の基礎と注意点を理解する

　JAは、野菜や果物の加工場も営む農家Aに対し、機械購入資金500万円をAの自宅に抵当権を設定して7年前に融資していた。しかし、Aは、同貸金を5年前から延滞しており、JAから毎年請求書を送っても弁済を行わないままだった。そうしたところ、今年になってAに融資していたB銀行がAの自宅に競売申立てを行い、JAは、裁判所から債権届出の催告を受けたため債権届出を行った。

問1　毎年請求書を送っているので時効消滅の心配はないか？
問2　抵当権を設定しており、裁判所へも債権届出を行っているので時効消滅の心配はないか？
問3　時効期間を経過してしまっていた場合は債権回収を諦めるしかないか？

1　請求書を送っていれば時効消滅の心配はないか？

S　債権をもっていても請求しないと時効になるわけですし、民法の条文にも請求で時効が中断するとあるので、毎年請求書を送っていれば消滅時効の心配はありませんよね？

T　そう思っている人が多いのですがそれは間違いなのです。時効を中断するための「請求」は「裁判上の請求」の必要があるのです。単なる請求書は、1度だけ時効完成を6カ月猶予する催告という効力はありますが、**「請求書、送ってるだけでは、時効進行！」**で時効を中断することはないのです。

2　抵当権と消滅時効の関係は？

S　Aの自宅に抵当権を設定しているので、仮に時効期間が経過してしまっても、競売申立てを行って債権回収を行うことはできますよね？

T　抵当権は債権回収のための有効なツールとなりますが、担保している債権自体が時効で消滅してしまえば、競売を申立てすることも、配当を

もらうこともできなくなってしまいます。JAが競売申立てを行ってAの自宅を差押えすれば時効は中断しますが、「**抵当権、もってるだけでは、時効進行！**」なのです。

S　裁判所に債権届出を行っても時効は中断しないのでしょうか？

T　中断しないとするのが最高裁の判例なのです。

3　消滅時効の完成を効率的に阻止する方法は？

S　本設例でJAが行ってきたことは消滅時効の進行に何も影響を与えなかったのでしょうか？

T　請求書を送った後、Aから「もう少し待ってくれ」等の返済猶予の申入れがあると影響がありますよ。

S　どのような影響でしょうか？

T　返済猶予の申入れや分割払いの申入れは、債務を負っていることを認めての申入れですから、時効を中断する「承認」に該当しますよ。「承認」はその方式に特別な定めもなく簡単ですので、「**承認を、上手にとって、時効阻止！**」が効率的なのです。

S　うっかり時効期間を経過させてしまったら、債権は消滅してしまってどうしようもないのでしょうか？

T　いや、消滅時効は債務者が時効を援用してはじめて効力を生じるのですが、その援用前に債務を承認してもらうと債務者は時効を援用できなくなるとするのが判例です。ですから、焦らず上手に承認をとればよいのです。

　　ここが勘所！

【勘所24】「請求書、送ってるだけでは、時効進行！」
　請求書を送っただけでは時効は中断せず、裁判上の請求によってはじめて時効は中断するのです。

【勘所25】「抵当権、もってるだけでは、時効進行！」
　抵当権等の担保を有していても、第三者が申立てした競売手続に抵当

権等の担保について債権届を行っても、自ら競売申立てして差押えしない限り、時効は中断しません。

【勘所26】「承認を、上手にとって、時効阻止！」
　債権を時効消滅させるのを阻止するためには、承認を上手にとるのが効率的なのです。

第6章

財産の調査

> **この章のポイント**
>
> 債務者（主債務者および保証人）とその家族の財産（不動産、動産、債権、JA以外への債務）の有無、価格等の調査を行い、財産の種類ごとに担保の有無等で分類整理する。

　債務者に財産がなければ、いくら債権を有していても、勝訴判決を有していても債権回収は困難となります。債務者に多少の財産があっても、それ以上の債務を負っていれば、やはり債権回収は困難となり、いかにして、少ない財産から債権回収を行うかその方法が問題となります。そして、その方法は、債務者の財産に担保を有しているかどうかにより異なってきます。

　そこで、債権回収を行うにあたっては、債務者（主債務者および保証人）とその家族の財産の調査を行い、財産の種類ごとに担保の有無で分類整理することが必要となります。

　なお、家族については、法的には請求できませんが、債務者に弁済能力がないとき等に協力を求める場合に関係してくるので、財産の調査を行っておいたほうがよいのです。

1　不動産

(1) 基本調査

　すべての不動産について登記事項証明書をとり、価格を見積もり、他の債権者の差押え・担保設定に注意し、JAの担保設定の有無により分類して、回収可能金額を調査します。

　　例：自宅・農地・山林……

(2) 注意点

① 相続登記未了の不動産

　相続登記未了の不動産（亡父名義の田等）も財産となるので、見落とさな

いようにしましょう。
② 資産証明（名寄帳）

資産証明（名寄帳）があると債務者名義の不動産が一覧表となっているため、調査が効率的となります。

しかし、これは、市役所・役場で本人にのみ発行するものなので、融資申込みの際にもらっておくようにするとよいです。
③ 共同担保目録

他の債権者が担保設定している場合、その共同担保目録をとってみるとJAが気づかなかった不動産を発見できることもあります。

2 動　産

換価価値のある動産を調査し、回収可能金額を見積もりましょう。
　　例：自動車・農機具・家畜・立木・稲……

3 債　権

債務者の有する各種債権も債権回収のための貴重な財源となるので、見落とさないように第三債務者（債務者の有する債権の債務者）およびその金額を調査しましょう。

JAの場合、貯金、共済金、出資金等のように自己が第三債務者になっているものもありますが、これらはいざとなれば相殺により債権回収に充てることができるものです。そこで、債権の調査の場合は、第三債務者がJAのものと他のものにまず分類し、そのうえでJAの担保設定の有無により分類しましょう。

　　例：預貯金・保険共済金・売買代金・工事代金・給料……

4　JA以外への債務

　JAの有する債権を回収できるか、どのような方法をとるべきかは、債務者の資産の状況だけでなく、債務者がJA以外にどのような債務を負っているかも考慮しなければ判断できません。
　そこで、債務者がJA以外にどのようなところにどのくらいの債務を負っているかの調査も必要となります。

5　財産開示手続

　金銭債権について確定判決を有する債権者は、債務者の知れている財産では完全な弁済を得られない場合、裁判所に債務者の財産の開示を申立てすることができます（民事執行法197条）。債務者は、財産開示手続において、開示に応じなかったり、虚偽の陳述を行ったりすると30万円以下の過料を受けることとなります（民事執行法206条）。
　そのため、債務者が財産を隠していると思われるとき等は、財産開示手続の申立てを行ってみるのも一つの方法です。

債権回収こぼれ話　牛や収穫前の稲への差押えは効率が高い！

　お金を払ってもらえないから差押えを行うというと、自宅の土地建物の差押えや家財道具の差押えを思い浮かべる人が多いと思います。
　自宅の土地建物などのような不動産は、抵当権のような担保を設定している場合は差し押えれば配当を見込めますが、他の債権者が先に担保を設定している場合は担保権者への配当が優先するため配当が見込めず、無駄な差押えとなってしまうおそれもあります。
　家財道具のような動産は、テレビドラマでは倒産した会社の社長の娘のピアノ等に差押えしたとのシール（正確にいえば差押物件封印票）を執行官がぺたぺたと貼ったりしますが、中古品ということで買い叩かれるし、生活必需品等は差押禁止ですし、債権回収の効率は低いことがほとんどです。
　ただ、債務者が農家で牛を飼っていたり稲作を行っていたりする場合だと、

牛や収穫前の稲も動産であり、それらを販売するのはJAの得意とするところですので差押えによる債権回収の効率が高いのです！

　牛の差押えの際、どのように差押えのシールを貼るのだろうと思っていたところ、木の札にヒモをつけたものを準備しておき、その木の札に差押えのシール貼って牛の首にペンダントのようにつけていったのでした。つける作業は、執行官の指示のもとでJAの畜産担当の職員の人が行いました。

　稲は、JAに債務を負っている農家は、収穫を待っているとJA以外に出荷してしまうので、収穫前に差押えせざるをえません。稲の差押えは、差し押える稲の田に立札を立てて差押えのシールを貼って行います。

　農家の方が手塩にかけて育ててきた牛や稲を差し押えるのはかわいそうな気もするのですが、そうならないように餌代や肥料代などをきちんと払ってもらえないのであればやむをえません！

第7章

財産処分への事後的対策

> **この章のポイント**
>
> 債務者が財産処分を行ったため債権回収が困難となった場合、その事情によっては通謀虚偽表示の無効、詐害行為の取消し等の対策が可能であるから、すぐに弁護士と相談し、まず仮処分を行うかどうか検討する。
>
> しかし、認められるかどうかは微妙なことが多いゆえ、財産処分が行われる前の事前の対策である仮差押えが重要となる。

強制執行は、債務者の財産に対してしか行えず、以前は債務者の財産であっても、債務名義を取得して強制執行を行おうとする時にすでに処分されていれば、その財産に対しては行えないことになります。

そこで、財産の調査により財産を発見できた場合、財産処分を防止するために仮差押えを行うことが重要であり、これについては後述します。

財産の調査の時にすでに処分されてしまっている場合は、その財産に対して強制執行を行うことはできませんが、特別の事情がある場合は、事後的に次のような対策をとることが考えられます。なお、さらに第三者に処分されるとなおさら対策が困難となるため、財産処分を発見した場合は、すぐに弁護士と相談して仮処分を行うかどうか検討することが大切となります。

しかし、いずれも認められるかどうかは微妙なことが多いので、財産処分が行われる前の事前の対策である仮差押えが大切なのです。

1 通謀虚偽表示

債務者が相手方と通謀して虚偽（うそ）の財産処分を行っている場合は、そのような財産処分は無効であると主張することができます（民法94条）。

この場合のポイントは、その財産処分が虚偽（うそ）だと立証できるかです。

2 詐害行為取消権（債権者取消権）

債務者の財産処分が真実の場合であっても、その財産処分が債務者の財産を減少させ、債権者が十分な債権回収ができなくなるような行為の場合は、詐害行為として取消しを主張することができます（民法424条）。

家族に対する贈与がその典型的な例であり、農家の場合は、農業後継者への生前一括贈与も詐害行為に当たる場合が多いです。

詐害行為取消権の消滅時効は知ってから2年間であるため（民法426条）、詐害行為に該当するような行為を発見した場合は、すみやかに弁護士に相談して仮処分等の対策を検討する必要があります。

3 強制執行妨害罪

強制執行を免れる目的で財産を隠匿、仮装譲渡等行った場合は、3年以下の懲役または250万円以下の罰金の刑罰を受けます（刑法96条の2）。

そこで、本罪での刑事告訴も考えられます。

第8章

債権回収方法の選択

担保の有無、財産の有無等により、とるべき債権回収方法は異なってきます。

そこで、債権の調査および財産の調査の結果から、担保だけで十分に債権回収可能なのかどうか、債務者に返済に充てられる財産があるかどうか検討し、さらに債務者がJAに協力的かどうかを考慮し、それに応じて次のような方法をとることになります。

1　担保が十分な場合

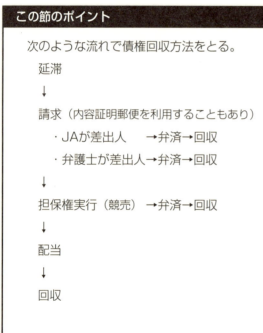

この節のポイント

次のような流れで債権回収方法をとる。
　延滞
　↓
　請求（内容証明郵便を利用することもあり）
　　・JAが差出人　　→弁済→回収
　　・弁護士が差出人→弁済→回収
　↓
　担保権実行（競売）→弁済→回収
　↓
　配当
　↓
　回収

他の債権者が競売申立てしている場合は、裁判所に債権届を行い配当を受ける。

(1) 請求による任意の弁済

抵当権等の担保設定が十分であれば、最終的には担保権実行（競売）によ

る配当によりほぼ確実に債権回収できることになります。

しかし、競売には費用・時間がかかるので、債務者・保証人に請求書を送り、交渉を重ねて任意に弁済してもらうのが望ましいでしょう。

なお、請求書を送るにあたっては、内容証明郵便を配達証明付きで行うと、そのような請求書を送った証拠となるので、必要に応じて利用を考えてください。

JAが差出人の請求書で債務者・保証人から誠意ある対応がみられない場合は、弁護士に依頼して、弁護士から請求書を債務者・保証人に送ってもらうことも一つの方法です。JAが弁護士を依頼するほど本気なのだということを債務者・保証人に知らしめることにより、債務者・保証人が本気になって弁済方法について検討し始め、任意の弁済を受けられることもあるからです。

任意の弁済の方法としては、書替、担保物件の任意売却等の方法もありますが、これらについては第10章で詳論します。

以上により任意の弁済を受けることが望ましくはありますが、消滅時効、損害金の増加等の問題もあるので、ある程度交渉しても任意の弁済の見込みがないときは、競売申立てをすみやかに行うべきでしょう。

(2) 担保権実行（競売）

抵当権または根抵当権を有していると、第4章1(1)で述べたとおり、判決等の債務名義なしで競売申立てができ、しかも他の債権者より優先的に配当を受けることができます。そのため、担保価値のある不動産に抵当権または根抵当権を設定しておけば、債権回収はほぼ確実となります。

a 競売申立て

競売申立ては、担保不動産競売申立書を管轄裁判所に提出して行うことになりますが、JAが弁護士等に依頼しないで競売申立てを行う場合は、阪本勁夫著『不動産競売申立ての実務と記載例〔全訂3版〕』（金融財政事情研究会）、東京地方裁判所民事執行センター実務研究会編著『民事執行の実務〔第3版〕不動産執行編（上）（下）』（金融財政事情研究会）等を参考にしてくだ

さい。

　b　競売手続の流れ

　競売の手続は、図3の競売の手続の流れのように進行しますが、申立てから配当までは、順調にいっても約1年はかかることとなります。

　また、競売の場合はどうしても通常よりも価格が下がるため、できれば担保物件の任意売却の方法が望ましく、競売申立て後といえども、所有者が任意売却の方法を承諾したときは、任意売却の方法で債権回収し、競売を取り下げることも考えましょう。

　c　競売により優先弁済を受けられる金額

① 抵当権の場合

　後順位抵当権者がいる場合、利息損害金は最後の2年分に制限され（民法375条）、それを超える利息損害金は優先弁済を受けられないことになります。

　それゆえ、抵当権の場合は、損害金をあまりためないようにすることに注意しましょう。

② 根抵当権の場合

　利息損害金についての制限はないですが、元金利息損害金含めて極度額の限度に制限されます。

③ 税金との関係

　税金は、一般の債権より優先権を有していますが、抵当権（根抵当権を含む）と税金との優劣は、抵当権の設定登記日と税金の法定納期限の先後により決まり、先の債権が優先することになります。

　なお、JAの組合員で稲作を行っている人は、土地改良区の組合員であることが多いですが、土地改良区の組合員に対する賦課金は、税金と同様に取り扱われており、抵当権と賦課金との優劣は、抵当権の設定登記日と賦課金の法定納期限の先後により決まります。

　d　競売により優先弁済を受けられない金額についての対策

　不動産の価格が低くて、または先順位の抵当権があって優先弁済を受けられない場合は、債務者の他の財産からの回収を考えるしかありません。

　しかし、不動産が高い価格で売れたにもかかわらず、前述のような制限に

図3　競売の手続の流れ

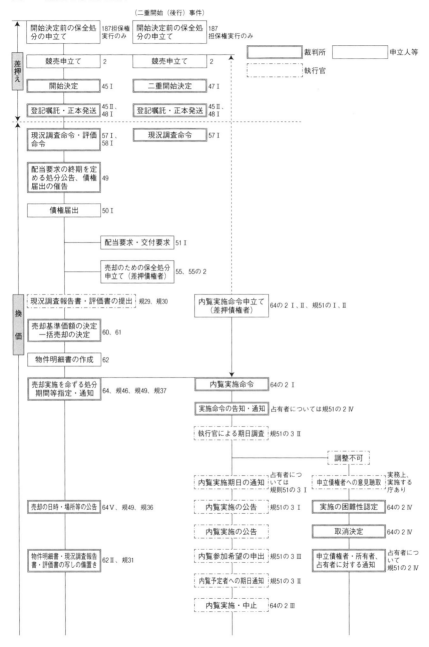

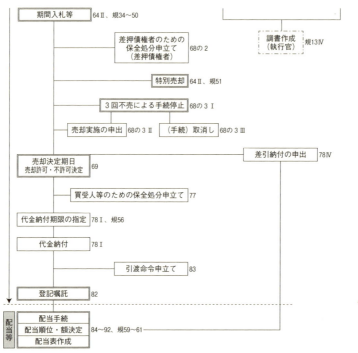

(注) 数字は民事執行法、民事執行規則の条文を示す。
(出典) 阪本勁夫著『不動産競売申立ての実務と記載例〔全訂3版〕』(金融財政事情研究会、2005年) 5～6頁。

より優先弁済を受けられない金額が出る場合、残った金額は、剰余金として不動産の所有者に交付されてしまうことになります。

そのような事態が予想され、かつ所有者が債務者の場合は、次のような対策をとることが考えられますが、むずかしい手続ですのですみやかに弁護士に相談してください。

① 配当要求の終期前

債務名義を取得し、またはその不動産に仮差押えを行い、配当要求を行います。

② 配当要求の終期後

債務名義を取得しているときは、剰余金について差押えを行い、取得していないときは、剰余金について仮差押えを行います。

(3) 債権届

他の債権者がすでに競売申立てしている場合は、[資料 8] のような債権届出の催告書が裁判所から送られてくるので（民事執行法49条）、[資料 9] のような債権届出書により債権届を行い（民事執行法50条）、配当を受ける（民事執行法87条）ことにより債権回収を行えます。

なお、次の 2 点に注意しましょう。

① 債権届によっては、時効は中断しません。

抵当権等の担保を有していても消滅時効は中断しないで進行しています。時効が中断するのは、競売申立てによる差押えによってなのです。

② 債権届によって優先弁済を受けられる金額は、前述の本節(2) c と同じであり、優先弁済を受けられない金額については、本節(2) d と同じ対策が必要となります。

2 担保は不十分だが財産はある場合

> **この節のポイント**
>
> ❶ **債務者が協力的な場合**
> 　財産に担保設定等を行う。
> ❷ **債務者が非協力的な場合**
> 　a　　　相殺可能なものは相殺する。
> 　b〜e　他のものには次のような流れで債権回収方法をとる。
> 　　延滞
> 　　↓
> 　　仮差押え　　　　→弁済→回収
> 　　↓
> 　　請求（内容証明郵便を利用することもあり）
> 　　　・JAが差出人　→弁済→回収

第 8 章　債権回収方法の選択　87

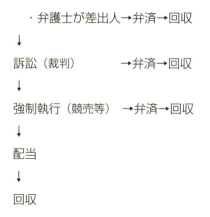

f　不動産について他の債権者が競売申立てして差押えされている場合は、すみやかに仮差押えして配当要求を行う。

(1) 債務者が協力的な場合

a　不　動　産

抵当権等の担保の設定や任意売却によります。

b　債　　　権

質権の設定や債権譲渡などにより担保にとります。

c　動　　　産

譲渡担保の設定等も考えられるが、困難であれば任意売却してその代金を弁済に充ててもらいます。

(2) 債務者が非協力的な場合

a　相　　　殺

JAが組合員に対して貸金債権を有し、他方で組合員がJAに対して貯金債権を有しているように、互いに債務を負担する場合は、相手方に対する通知により対等額で債務を消滅させることができ、これを相殺（そうさい）といいます（民法505条、506条）。

　JAは、債務者がJAに貯金、共済金、出資金等を有している場合は、相手方の承諾を必要としないで通知のみで相殺することができ、同金額の債権回収を行えるのです。

　米、家畜、野菜等の販売代金が貯金口座に入金されたときは、債務者に払戻しされてしまえばどうしようもなくなることがほとんどなので、相殺による債権回収が必要な場合は、見逃さずに相殺することが大切です。

　相殺は、相殺通知書などの書面で行うのが確実ですが、すでに債務者が貯金の払戻しのためJAの窓口に来ているような場合は、口頭により相殺すると告げ、払戻しを拒否することも可能です。

　なお、共済の場合は、債務者が返戻金、満期金、共済金を受け取る権利を有するときは相殺できますが、債務者が契約者であっても受取人が妻子等の他人であれば満期金および共済金については相殺できないので注意を要します。

b　仮差押え

　債務者が非協力的な場合は、最終的には債務者の財産に強制執行（いわゆる差押え）を行って配当を受け債権回収を実現することになります。

　しかし、強制執行を行うためには判決等の債務名義が必要であり（民事執行法22条）、債務名義を取得するまではある程度の時間がかかるため、その間に債務者に財産を他に譲渡されたり、他に担保設定されるおそれがあり、そうなっては債務名義を取得しても強制執行を行うべき財産がない、担保に優先されるということになってしまいます。

　そこで、債務者による財産処分等を阻止し、後日の強制執行を保全するために認められたのが仮差押えなのです（民事保全法20条）。

　仮差押命令は、通常申立てから1週間以内に発してもらうことができ、仮差押え後の債務者による財産処分等は債権者に対抗できないこととなるため、仮差押えが成功すれば債権回収は安心して行えることになります。

そこで、仮差押えを有効に活用するのが債権回収のキーポイントとなり、特に債務者が高齢であり生前一括贈与の可能性がある場合、他に財産処分のおそれがある場合、他の債権者に担保提供される可能性がある場合等は、すみやかに弁護士に相談して仮差押えを行うことが重要です。仮差押え前に債務者に財産処分されては困るので、仮差押えは、隠密かつ迅速に行うことが勘所です。

なお、仮差押えの際は、裁判所から債権金額の20％前後の担保（保証金）の法務局への供託が要求されます。

c　請求による任意の弁済

仮差押えまたはその後の請求・交渉により、当初非協力的だった債務者も覚悟を決め、担保設定に応じてくれたり、任意に弁済をしてくれることもあります。

請求にあたっては、本章1(1)を参考にして事案に応じて工夫してください。

しかし、任意の弁済が期待できない場合は、債務名義を取得して強制執行を行い、その配当により債権回収を行うことになります。

d　債務名義の取得

債務者の財産に対して強制執行を行うためには債務名義が必要ですので（第2章2・3）、以下のような方法で債務名義を取得することが必要となります。

①　訴訟（裁判）

債務名義の代表は判決であり、それを取得するためには訴訟（いわゆる裁判）を提起することになります。

判決を取得するまでの期間は、被告が争わない場合も約2～3カ月かかります。

②　支払督促

債務名義取得の方法としては、支払督促というものもあります。

支払督促は、支払督促申立書を管轄簡易裁判所の裁判所書記官に提出して行います。

裁判所に出廷せずに郵送等ですませることができるところは簡易ともいえるのですが、一定期間内に仮執行宣言の申立てをしなければ無効になる等注意しなければならない点もあります。

③ 公正証書

債務者が協力的な場合は、公証人役場で公正証書を作成して債務名義とすることができます（金銭債権の場合に限りますが）。

公正証書を作成する場合は、［資料6］［資料7］のような委任状に債務者、連帯保証人に実印で押印してもらったうえ、印鑑証明書を添付してもらい、委任を受けた代理人が公証人役場に行って行うことになります。

e 強制執行

債務名義を取得した後、債務者の財産に対して強制執行を行い、配当を受けて債権回収を行うことになります。

手続の流れは、担保権の実行としての競売と同じであり、本章1(2)を参照してください。

JAが弁護士等を依頼しないで強制執行を行う場合は、東京地方裁判所民事執行センター実務研究会編著『民事執行の実務〔第3版〕債権執行編（上）（下）』（金融財政事情研究会）等を参考にしてください。

f 他の債権者が差押えしている場合

① 配当要求

不動産について他の債権者がすでに競売申立てして差押えしている場合は、仮差押え後または債務名義取得後であれば、配当要求の終期（民事執行法49条）までに、［資料10］のような配当要求書により裁判所に配当要求を行い（民事執行法51条）、配当を受ける（民事執行法87条）ことにより債権回収を行えます。

仮差押えまたは債務名義の取得前であれば、弁護士に相談してすみやかに仮差押えして配当要求を行うことが必要となります。

なお、すでに配当要求の終期を経過している場合であっても、まだ不動産の売却許可決定がなされる前であれば、3カ月刻みに配当要求の終期が延長されてきているので（民事執行法52条）、配当要求を行っておきましょう。

② 剰余金への差押え・仮差押え

配当要求が不可能な時期になっていた場合で、債務者である所有者に剰余金が交付される可能性がある場合は、その剰余金に対して、すでに債務名義を取得している場合は債権差押えを行い、債務名義を取得していない場合は債権仮差押えを行うことにより、債権回収を図ることが考えられます（本章1(2)d参照）。

設例8　相殺や仮差押えの基礎を理解する

JAは、Aの自宅に平成18年1月10日に債務者はA、被担保債権の範囲は「消費貸借取引」、極度額500万円の根抵当権を設定して500万円の融資を行い、その後平成23年10月に1,000万円の融資を行った。Aの自宅は時価1,000万円程度で、他に時価500万円程度の田を所有している。

Aは、B銀行等にも借金があってJAへの貸金の返済を延滞しており、高齢で後継者もいないため自宅と田を売却して遠方に住む息子のところに引越すことを検討中との噂があった。そうしたところ、Aの自宅がB銀行から競売申立てを受け、JAに債権届出の催告書が届いたので、JAは、Aへの貸金二口の残金合計900万円について債権届を行った。

JAにはAの50万円の定期貯金があったので、JAの担当者がAに貸金との相殺をお願いに行ったところ、Aから引越費用に使う予定なので相殺は困ると断られてしまった。

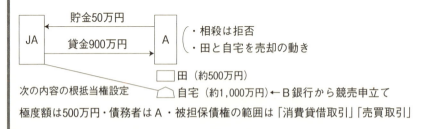

問1　JAは、Aの承諾を得ないまま定期貯金を相殺することはできないか？

問2　JAは、自宅に設定した根抵当権の極度額を超える債権の回収のた

め、どのような方法をとるとよいか？

1 相殺には相手方の承諾が必要か？

T　Aの承諾を得ずに定期貯金を相殺することはできないと思いますか？

S　後でAから「なんで無断で相殺したんだ！」と怒られそうで……。

T　たまにJAからそのような電話相談があるのですが、「**相殺は、通知一本、承諾不要！**」で相手方の承諾を必要とせず、相手方に対する通知のみで行えるのですよ。その金額分は確実に債権回収できることになるのですから、断られたからといって相殺を諦めてはいけませんよ。

2 根抵当権の極度額を超える債権の回収方法は？

S　自宅にJA以外の担保が設定されていない場合は、不動産が極度額を超えた高値で売れれば根抵当権の極度額を超えた部分も配当はもらえないのでしょうか？

T　根抵当権の場合は、元金利息損害金含めて極度額の限度に制限されます。ですから、本設例でJAは債権届を行っていますが、極度額を超えたお金がJAに配当されることはありません。そもそも、利息損害金も発生するのだから、極度額が500万円なのに500万円を融資すること自体が危険なのです。

S　極度額を超えた部分を回収するよい方法はないのでしょうか？

T　B銀行が申立てしたAの自宅の競売手続に配当要求を行い、他の債権者と平等に配当を受ける方法があります。

S　配当要求の終期を過ぎていても行えるのでしょうか？

T　まだ入札が行われていないのであれば、不動産の売却許可決定がなされる前は3カ月刻みに配当要求の終期が延長されていきますので（民事執行法52条）、配当要求を行うことは可能です。ただ、判決や公正証書などの債務名義が必要となりますね。

S　借用証書で配当要求を行うことはできないのでしょうか？

T　民事執行法51条で、配当要求を行うためには債務名義を有している

か、その不動産に仮差押えを行っていることが必要とされているので、債務名義がないのであれば自宅について仮差押えを行う必要があります。

S　もし、不動産の売却許可決定後で配当要求の期限を過ぎていたら、競売による自宅の売却代金から回収する方法はないのでしょうか？

T　不動産競売での自宅の売却代金で配当に回されず残ったお金があれば、裁判所から不動産の所有者に剰余金として交付されることになります。その剰余金債権について債務名義により債権差押え、債務名義を取得する前であれば債権仮差押えを行い、回収することは可能となります。

　　ただ、いずれもむずかしい手続なので、それらの方法を行う場合は早めに弁護士に相談してください。

3　仮差押えとは何か？

T　本設例では、田も売却されてしまうおそれがあるので、自宅も農地もまとめて仮差押えを行うのがよいですね。

S　仮差押えは、時々先生に行ってもらっていますが、そもそもどういうものなのでしょうか？

T　担保を設定していない債務者の財産に強制執行を行って債権回収するためには判決等の債務名義が必要ですが（民事執行法22条）、債務名義を取得するまではある程度の時間がかかりますね。その間に債務者に財産を他に譲渡されたり、他に担保設定されたりすると、債務名義を取得しても強制執行による債権回収が困難になってしまいます。そこで、債務者による財産処分等を阻止し、後日の強制執行を保全するために認められたのが仮差押えなのです（民事保全法20条）。仮差押え後の債務者による財産処分等は債権者に対抗できないこととなるため、仮差押えが成功すれば債権回収は安心して行えることになるので、「財産を、調べて早めに、仮差押え！」が大切なのです。

S　わかりました。

T　仮差押えはあくまで仮のもので債務名義となるものではありませんが、実は仮差押えが的確に行われると、いままで非協力的だった債務者が観念して協力的になることもあるのです。任意売却によるJAの債権回収に応じるようになることもありますし、債務名義を確保したいときには公正証書の作成に応じてくれる場合もあります。

　公正証書作成に応じてもらえれば裁判を行う必要がなくなり、「**公正証書、うまく使えば、裁判節約だ！**」ですので、仮差押え後に交渉すると効果的ですよ。

ここが勘所！

【勘所27】「相殺は、通知一本、承諾不要！」
　相殺は、相手方の承諾を必要とせず、相手方に対する通知のみで行えますので、債務者がJAに貯金や共済金等の債権を有している場合は、確実に相殺により債権回収を行いましょう。

【勘所28】「財産を、調べて早めに、仮差押え！」
　十分な担保を有していない場合は、仮差押えがうまくできるかどうかが債権回収のキーポイントとなりますので、債務者の財産を見つけて少しでも他への処分のおそれがある場合は、早めに仮差押えを行いましょう。

【勘所29】「公正証書、うまく使えば、裁判節約だ！」
　強制執行や配当要求のためには債務名義が必要となりますが、金銭債権については公正証書が債務名義となるので、うまく債務者の協力を得て公正証書を作成すると裁判の時間と費用を節約できます。

3　財産がない場合

この節のポイント

なかなか回収は困難であるが、次のような方法が考えられる。

❶ 親族等の協力により弁済を受ける。
❷ 財産がある人に保証人となってもらう。
❸ 財産がある人に担保を提供してもらう。
❹ 債務者に長期分割で弁済してもらう。

　債務者に財産がない場合は、債権回収は困難となります。

　考えられるのは、法的な義務や責任のない人の協力を得て、弁済を受けたり、保証人・物上保証人（担保の提供）となってもらったりすることでしょう。延滞を生じさせている債務者への協力は、通常親族程度にしか期待できないので、親族からの協力が得られるかどうかが債権回収のポイントとなるでしょう。

　債務者が働いて給料等を得ている場合は、給料の差押えが可能ですが、給料の差押えは4分の1に制限されているため（民事執行法152条）、むしろ、話し合いで月々弁済可能な金額を決めて弁済してもらったほうが効率がよいことが多いでしょう。なお、その際、月々の弁済の約束を公正証書にしておくとよいです。

第9章

JAにある財産からの回収

この章のポイント

❶ **貯金からの回収**

　相殺により通知のみで債権回収が可能。

　他の債権者から差押えが行われても、JAの相殺が優先される。

❷ **出資金からの回収**

　債務者が脱退や出資口数の減少の手続を行ってくれた場合は、持分の払戻請求権が具体化した時点で相殺により債権回収が可能。

　債務者が同手続を行ってくれない場合は、JAが債権者代位権により債務者に代位して出資口数の減少の手続を行い相殺による債権回収が可能。

❸ **共済金からの回収**

　債務者がJAに対して各種の共済金請求権を有することになった場合、JAは債務者に対して有する債権と相殺により債権回収が可能。

　ただし、債務者が共済契約を締結していたとしても、共済金請求権を有するのが債務者以外の場合は、相殺できないことに注意。

1 貯金からの回収

　JAが債権を有する債務者がJAに貯金を有している場合は、第8章2(2)aで説明したとおり、債務者に対する通知のみで相殺により債権回収できますので、忘れずに相殺しましょう。

　なお、JAの債務者がJAに有する貯金について、他の債権者から差押えされた場合でも、JAは、相殺により優先的に債権回収できるので慌てる必要はありません。

2 出資金からの回収

(1) 持分払戻請求権との相殺

　JAは、債務者が組合員であることが多く、組合員であればJAに出資した持分を有しています。

　組合員がJAに対して有する持分について、JAからの脱退(JAに対する持分譲受請求権の行使・農業協同組合法20条1項)や出資口数の減少の手続(農業協同組合法26条)を行えば、その口数に応じた持分の払戻請求権を有することになります。

　JAがその組合員に対して債権を有していれば、JAは、その債権と組合員の有する持分の払戻請求権を相殺し、債権回収を行えることになります。

　なお、JAの債務者がJAに有する出資金について、他の債権者から差押えされた場合でも、JAは、貯金と同様に相殺により優先的に債権回収することができます。

(2) 債権者代位権による出資口数の減少

　JAに債務を負った組合員が自ら脱退や出資口数の減少の手続を行ってくれれば問題はないのですが、JAが相殺の前提として前記の手続を組合員にお願いしても行ってくれない場合、どうしたらよいかが問題となります。

　JAへの貸金等の債務を延滞した組合員については、農業協同組合法21条2項2号の「組合に対する義務を怠った組合員」に該当するということで、同条2項により総会の決議で除名して強制的に脱退させることも法的には可能と考えられます。しかし、JAは組合員に最大の奉仕をすることを目的としていること等からして、除名は極力避けるのが望ましいでしょう。

　そのような場合は、民法423条の債権者代位権を行使することが考えられます。債権者代位権とは、債権者が自己の債権を保全するため、債務者に属する権利を行使できるというものであり、組合員に対して貸金債権を有する

債権者であるJAは、出資金と相殺して回収し自己の債権を保全するため、債務者である組合員に代位して同人に属する脱退や出資口数の減少の権利を行使できることになります。

ただ、JAが債権者代位権により組合員の脱退の手続を行うのは、組合員の意思に反して組合員の地位を剥奪することになってしまい、除名を行うのと同じようなこととなってしまいますので、差し控えるべきでしょう。

JAとしては、債務者が組合員でいることに必要な最小限の口数、普通は一口だと思うのですが、その口数を残した出資口数の減少の手続をJAが債務者に代位して行って相殺することが相当であろうと思います。

設例9　税金との優劣や出資金からの回収方法を理解する

JAは、Aに対し、平成22年に自宅に抵当権を設定して1,500万円を融資しており貸金残高は1,000万円であるが、Aは、病気がちとなって返済に延滞が生じていた。そうしたところ、Aは、平成25年以降の所得税を滞納していたため、税務署からJAに貯金と出資金の有無について問合せがあった後、自宅とJAの出資金（一口2,000円・150口）に滞納処分による差押えが行われた。

Aの自宅付近の不動産価格が下落しており、競売申立てした場合の売却価格は700万円程度の見込みのため、JAは、抵当権だけでは回収できない部分が生じる見込みである。

問1　自宅の競売が行われた場合、税務署とJAとどちらの債権が優先するか？
問2　税務署から組合員の出資金の差押えを受けるとどうなるのか？
問3　JAが債務者の出資金から債権回収するためにはどうすればよいか？

1　税金が一般の債権より強いとはどういうことか？
T　組合員に対する債権者からJAに貯金や出資金の有無について問合せがあったらどう対応していますか？

S 金融機関として守秘義務がありますので、本人の承諾がなければ回答は行っていないはずです。

T 税金についての滞納処分のために税務署や市から問合せがあった場合はどうでしょうか？

S 税務署等からだと回答していると思います。税金は一般の債権より強いと聞いているのですが、どのように強いのでしょうか？

T 税金は、公益性があるために一般の債権より強いです。債権者である国や地方公共団体は、自ら滞納処分により強制的実現を図れますし、滞納者の財産を調査するため質問・検査・捜索する権限も認められています。その質問の権限により貯金や出資金の有無について問合せがあれば、回答しなければならないわけです。

S なるほど。

T また、一般の債権と競合する場合には、優先権が認められているのです（国税徴収法8条）。

S すると、Aの自宅を競売申立てしても、所得税に優先的に配当されてしまうのでしょうか？

T いえ、JAは自宅に抵当権を設定していますので、税金に優先されるとは限りません。抵当権を設定している財産についての配当の際は、抵当権設定登記の日と税金の法定納期限の先後により優劣が決まり、先のほうが優先されることになります（国税徴収法16条）。

S 本設例の場合はどうなるのでしょうか？

T 抵当権の対抗要件の設定登記が平成22年で、税金は平成25年以降のものですから、JAの貸金債権のほうが優先されます。

2 税務署から出資金の差押えを行われるとどうなるか？

S 出資金を税務署から滞納処分で差押えされた場合はどうなるのでしょうか？

T 出資金、正確にいえば持分の差押えを行った債権者は、差押債権者として、または民法423条に規定されている債権者代位権により債務者で

ある組合員に代位して、JAからの脱退の手続（JAに対する持分譲受請求権の行使・農業協同組合法21条1項）を行い、JAの事業年度末に持分の払戻請求を行えることになります。

S　税金の場合はどうなるのでしょうか？

T　国税徴収法74条に滞納処分により差押えした持分の払戻請求についての規定があるのですが、組合・組合員に配慮してか他の財産に執行しても不足すると認められるときに行えるとされています。そして、組合員としての地位は残そうとしてだと思うのですが、通達で出資一口を残して手続を行うようにとされているため、JAに対する持分全部の譲受請求ではなく、出資一口を残した出資口数の減少の手続を行ってくるのだろうと思います。

S　その減口の手続が行われたら、JAは、Aの出資金について、税務署に対して一口を残した149口分の出資金29万8,000円を払い戻して支払わなければならないのでしょうか？

T　JAはAに対して1,000万円の貸金債権を有していますから、出資金の払戻金と対等額で相殺することが可能です。ですから、相殺を行えば、出資金の払戻金を税務署に支払う必要はなく、JAの貸金債権の回収に充てることができます。

3　JAが出資金との相殺により回収する方法と注意点は？

S　JAがAの出資金から相殺による債権回収を行おうとしたら、どのような手続を行うことになるのでしょうか？

T　JAが前述の債権者代位権により、AのJAからの任意脱退の手続、すなわちAの全部の持分譲受請求権を行使し、JAの事業年度末に持分の払戻請求権と相殺することが理屈上は考えられます。しかし、それだとJAが組合員の意思に反して組合員の地位を剥奪することになってしまいますので、税金の滞納処分による持分の差押えと同様に、組合員でいることに必要な最小限の口数、普通は一口だと思うのですが、その口数を残した出資口数の減少の手続を行って相殺することになります。

S　何か注意すべき点はありますか？
T　相殺は、民法508条により時効消滅した債権でも消滅以前に相殺に適した状態になっていた場合には可能です。しかし、出資金は、持分払戻請求権として現実化して相殺に適した状態となるわけですから、JAが有している債権が時効消滅する前に減口や任意脱退の手続を行わないと、相殺できなくなるので注意を要します。
S　具体的にはどんな場合ですか？
T　JAが貸金債権を有する組合員が行方不明になり、本人が現れて任意脱退の手続を行ったら相殺しようと思って放置しているような場合です。

　任意脱退の手続が行われないまま10年の時効期間が経過してしまうと、貸金債権は時効で消滅してしまいますので、その後に組合員が現れて任意脱退の手続を行われると、相殺できずに出資金全額を組合員に支払わざるをえなくなります。
S　そんなことにならないようにするためには、どんなことに注意すればよいのですか？
T　出資金との相殺を考えている場合は、JAが有している債権が時効消滅する前に、組合員の協力を得て、組合員に協力してもらえないような場合は債権者代位権により、減口や任意脱退の手続を行い、事業年度末に相殺することを忘れないことに注意してください。

3　共済金からの回収

　JAは、債務者が組合員であることが多く、債務者と養老生命共済等の共済契約を締結していることも多いです。
　その共済契約について、満期、解約、共済事故の発生等となれば、JAは、その内容に応じて金銭（以下「共済金等」という）を支払う債務を負うことになります。
　その共済金等が具体化し、JAが共済金等を支払う相手方が、JAが債権を

有する債務者であれば、JAは、その債権を共済金等と相殺することにより、債権回収をできることになります。

しかし、JAが債権を有する債務者が契約した共済契約であっても、JAが共済金等を支払う債務を負う相手方がJAの債務者と異なる場合は、JAが有する債権とJAが負う共済金等の債務が互いに債務を負担している関係ではありませんので、相殺はできませんので注意を要します。

なお、共済契約が、平成17年頃、各JAから共済連への再共済方式から、各JAと共済連の共同事業方式に変わり、共済金の支払はJAと共済連の連帯債務となりました。しかし、民法436条で連帯債務者であるJAが受取人に債権を有する場合は相殺できますので、JAが相殺で債権回収を行うことについて影響はありません。

設例10 共済金からの回収方法と注意点を理解する

JAは、Aに対し、Aの自宅に抵当権を設定して1,000万円を融資していた。Aは、妻Bと子Cを有していたが、一昨年頃から病気がちでJAへの弁済を延滞しており、貸金残高は600万円である。自宅には他の金融機関が先順位で抵当権を設定しており、自宅の価格下落のためJAが抵当権により債権回収するのは困難となっている。しかし、Aが死亡共済金1,000万円・受取人Bの養老生命共済契約をJAと締結していたので、回収に支障はないだろうと考えていた。

本年1月にはAの共済金についてDカード会社から差押えがあり、JAにD社から共済を解約するかもしれないと連絡があったが、Aが病気がちだったため慌てて家族がD社に支払を行って差押えは取り下げられた。

ところが、Aはその2カ月後に亡くなってしまい、Aの相続人は、妻Bと子Cの二人なのだが、相続放棄を検討している。

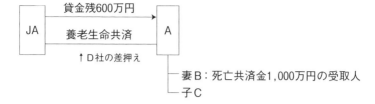

問1　JAの共済契約に他から差押えが行われた場合、共済金はどうなるのか？
問2　JAが共済金から債権回収を行おうとしたらどうしたらよいか？
問3　共済金の受取人が相続放棄を行ったら死亡共済金を受け取れるか？

1　共済契約は他から差押えされたらどうなるか？

S　本設例ではD社が共済契約を差押えしていますが、共済や保険を差押えして債権回収することは可能なのでしょうか？

T　共済金請求権や保険金請求権は債権ですので、債務者がそのような請求権を有していれば、債権者は、それを債権差押えしてJAや保険会社から直接取り立て、債権回収に充てることが可能となります。

S　D社が共済を解約しようとしたのはなぜなのでしょうか？

T　差押えした債権者のD社は、債務者であるAの共済金請求権が具体化していればそれを取り立てることが可能です。しかし、具体化はしていなかったため、解約して解約返戻金請求権として具体化し、それを取立てするためなのです。

S　でも、D社は共済契約者でもないのに共済を解約できるのでしょうか？

T　D社は、差押債権者として、また民法423条による債権者代位権により、解約することができるのです。

S　D社に共済契約を解約されていたら、JAはD社に解約返戻金を支払わなければならなかったのでしょうか？

T　JAは、Aに貸金債権を有していますので、相殺することにより解約返戻金をJAの債権回収に充てることができ、D社に支払う必要はあり

第9章　JAにある財産からの回収　105

ませんでした。

2 JAによる解約や共済契約の失効による相殺は？

S　すると、JAと共済契約を締結している組合員がJAへの債務の支払を延滞しているような場合は、JAが債権者代位権により組合員に代位して共済契約を解約し、解約返戻金と相殺して回収を行えるのでしょうか？

T　法的には可能ですが、JAの共済事業は、組合員等の生活保障を目的としているものであるため、共済契約者が破産した等のやむをえない場合以外は行うべきではないと考えられています。

S　共済掛金の払込みがないまま払込猶予期間を経過して共済契約が失効した場合は、すぐに相殺できるのでしょうか？

T　失効後2年以内に共済契約者が掛金等を添えて復活を申し込むことができ、この申込みをJAが承諾すると共済契約は復活します。そして、その復活期間内に復活がないときは共済契約は消滅し、消滅返戻金を支払うという関係になります。そこで、その復活期間を過ぎたら消滅返戻金と相殺できるということになります。

3 受取人が相続放棄した場合はどうなるか？

S　受取人である妻Bは、相続放棄したら死亡共済金1,000万円を受け取れなくなってしまいますよね？

T　いや、死亡共済金や死亡保険金を受け取る権利は、相続により取得する権利ではなく、受取人と指定された人の固有の権利であるため、相続放棄しても受け取ることはできるのです。

S　JAから融資を受けていたAが契約していた共済ですから、その貸金の残金を死亡共済金から回収することはできますよね？

T　共済契約について、その貸金のため質権を設定する、相殺予約の約定を設ける等して担保にとっていれば回収することは可能です。

S　そのようなことを行っていなければどうなるのですか？

T　すると、Bが相続放棄すれば、JAは死亡共済金から債権回収を行うことはできず、Bは死亡共済金を満額受け取れることになります。
S　それはあんまりです！
T　Bを保証人にしていれば、Bの保証債務とJAの死亡共済金債務を相殺して債権回収することは可能ですよ。
S　Bを保証人にしておかなかったらどうしようもないのでしょうか？
T　すると、Bに相続放棄されてしまえば、死亡共済金から強制的に債権回収を行うことはできず、Bが受け取った死亡共済金から任意に支払ってくれるのを期待するしかないことになります。

4　相続放棄されなかった場合はどうなるか？
S　BもCも相続放棄しなかった場合は、死亡共済金から債権を全額回収できるのでしょうか？
T　その場合は、Bは、AのJAに対する債務を法定相続分である2分の1相続しますので、2分の1は死亡共済金との相殺により回収できますが、残り2分の1は相殺できずに残ることになります。
S　債務者本人が契約した共済がある、受取人が家族ということで安心していてはいけないのですね……。
T　そうなのです。共済金からの債権回収を考えているのであれば、質権設定や相殺予約等により担保をとっておく、受取人を連帯保証人にしておく等の方策を行っておくことが必要なのです。そうしないと、JAの債務は相続放棄で支払ってもらえず、JAは死亡共済金を満額支払って手出しできないということも起こりうるのです。家族の共済だからと安心しているとこのようなリスクがありますので、「**相殺は、家族の共済、要注意！**」なのです。

＿＿＿ここが勘所！＿＿＿

【勘所30】「相殺は、家族の共済、要注意！」
　共済の場合、債務者が契約者であっても受取人が妻子等の他人であれ

ば満期金および共済金については相殺できないので注意を要します。

共済金からの債権回収を考えているのであれば、質権設定や相殺予約等により担保をとっておく、受取人を連帯保証人にしておく等の方策を行っておくことが必要なのです。

> **債権回収こぼれ話　妻が受け取る死亡共済金に手出しできない悔しさ！**
>
> 数年に１度程度でしょうか、本設例のような相談を受けることがあります。
> JAが融資した主債務者と養老生命共済契約を締結しており、JAの債権額を超える死亡共済金が受取人である妻に支払われる予定なので、債権回収に心配はないと安心していた。でも、主債務者が死亡したら妻に相続放棄されてしまい、妻から死亡共済金の満額の請求を受けている。JAの債権を差し引けないでしょうか？と。
> 回答は、前述のとおりで残念ながら差し引けないのです！
> 死亡共済金に手出しできず、満額支払わなければならない悔しさ……。そのような悔しさを味わわないようにするために、質権設定や相殺予約等によりしっかりと担保にとりましょう！
> しかし、そうしていなかったらどうすればよいか？
> 死亡共済金の受取人に任意の支払をお願いするしかありません。お願いすると支払ってもらえることもあるようですので。
> しかし、あくまで任意ですので断られたら諦めるしかありません。
> 強制と受け取られるとクレームの原因となりますので注意しましょう！

第10章

特殊な債権回収方法

1　書　替

> **この節のポイント**
>
> 　書替は、各種貸越金の証書貸付への書替、担保・保証の整備の場合等好ましい場合もあるが、担保・保証人との関係および根抵当権との関係には注意を要し、特に根抵当権確定後は行わないようにする。

(1)　書替の法的性質

　購買貸越金、組合員口座貸越金、購買未収金、延滞している貸金の元金利息損害金等のすでに存在している債権を証書貸付に改めることは、通常「書替」と呼ばれ、よく行われています。

　この書替は、法的には準消費貸借（民法588条）に該当するものであることが多いと思われます。

　準消費貸借においては、旧債権と新債権の関係が問題とされることがありますが、一般には「旧債権と新債権には同一性があり、旧債権の担保・保証は原則として新債権に及ぶ」と解釈されています。

(2)　書替の注意点

　書替は、まとめて担保設定や保証を受ける場合や、各種貸越金、購買未収金等が蓄積してきたときに債権金額を確定させて担保・保証人を整備する場合は、債権保全に有益でしょう。

　しかし、単なる解決の先送り的な書替は、債務者の資力の悪化等による債権回収の困難化、担保・保証の喪失のおそれもあるので避けるべきです。

　また、書替の際は、従前の担保・保証を喪失しないように注意しましょう。原則として新債権に移転すると考えられていますが、意識的に従前の担保・保証を新債権から外していれば、従前の担保・保証を消滅させたと考えられやすいからです。

根抵当権を有する場合は、消費貸借取引では準消費貸借は担保されないおそれが高いので、競売申立書、債権届出書等への記載の場合は、担保されるような書き方を工夫することが必要です。また、確定後は新たに発生した債権は担保されないので、争いを避けるため書替は行わないようにしてください。

設例11　書替の基礎と注意点を理解する

　Aは、妻Bと長男Cがおり、自宅と田を所有していたが、Cに田を贈与して稲作を経営移譲し、自分は小規模な養豚を行ってきていた。JAは、Aに対して豚の餌をDを連帯保証人として継続的に供給し、Cに対して農機具購入資金としてE・Fを連帯保証人として平成25年12月20日に300万円を融資していた。なお、JAは、自宅に極度額は500万円・債務者はC・被担保債権の範囲は消費貸借取引と売買取引の根抵当権を設定していた。

　Aが平成28年1月5日に死亡したため、B・Cは、相続等について協議した結果、養豚は廃業したうえ、自宅等の遺産はすべてCが相続し、豚の餌代金の残金100万円もすべてCが支払うこととした。そして、同年3月3日には自宅がC名義に相続登記され、同年5月6日には餌代金100万円をCを借主とする同金額の証書貸付に書き替えた。また、前記の平成25年12月20日付貸金が延滞となっていたので、同年5月13日には残元金と利息損害金の合計280万円を元金としてCを借主とする証書貸付に返済条件を緩和して書き替え、連帯保証人はFが死亡していたのでEのみとした。

　そうしたところ、同年6月になり、自宅が4月7日にGカード会社から差押えを受け、JAにも4月15日には裁判所から債権届出の催告書が届いていたことが判明し、配当要求の終期が6月30日と記載されていたので慌てて前記二口の貸金（平成28年5月6日付消費貸借：元金100万円、平成28年5月13日付消費貸借：元金280万円）の債権届を行った。しかし、裁判所から根抵当権が確定した後の貸金なので担保されないとの連絡があった。

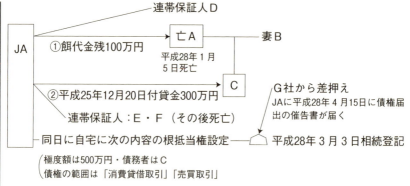

[現在のJAのCに対する債権]
・平成28年5月6日付貸金100万円⇔Aへの①の餌代金を書替
・平成28年5月13日付貸金280万円⇔Cへの②の貸金を書替

問1　JAの二口の貸金はこの根抵当権で担保されないか？
問2　JAはDに平成28年5月6日付貸金を請求できないか？
問3　JAはFの相続人に平成28年5月13日付貸金を請求できないか？

1　書替の法的性質と担保との関係での注意点は？

S　JAの二口の貸金が担保されないと裁判所から連絡がきたのはなぜでしょうか？

T　本設例の根抵当権は、根抵当権設定者Aの死亡では確定しませんが、JAは4月15日に届いた債権届出の催告書でGによる差押えを知ったわけですから、それから2週間の経過で確定します（民法398条の20第1項3号）。確定後に発生した債権は担保されないことになりますが、JAが行った債権届出では確定後に発生した債権とみられるからです。

S　確定後に新たに融資したのではなく、確定前からの債権債務を書替しただけなのですが担保されないのでしょうか？

T　書替による貸金は、法的には準消費貸借契約（民法588条）と呼ばれるものであることが多いです。通常の消費貸借契約（民法587条）は、返還を約束して金銭を授受するものですが、準消費貸借契約は、すでに発生している債務を金銭の授受なく消費貸借にしてしまうものです。

準消費貸借契約については、根抵当権の設定登記の際、被担保債権として準消費貸借取引という一定の種類の取引としての登記が受け付けられていないこともあり、消費貸借取引では担保されないと考えられています。
S　なるほど。でも、書替前の債権は、被担保債権として登記されている売買取引・消費貸借取引に該当しますが、それで担保されることにはならないのでしょうか？
T　一般的には、書替前の旧債権と書替後の新債権には同一性があり、旧債権の担保・保証は原則として新債権に及ぶと解釈されています。ですから、旧債権が本件根抵当権で担保されているのであれば、新債権も担保されるということになります。
S　本設例ではどうしたらよいのでしょうか？
T　裁判所に対して、確定前に担保されていた債権を書き替えた準消費貸借契約であることを説明した文書を、それを裏付ける資料を添付して提出するとよいですね。
S　なるほど。そうすればよいのですね。
T　いや、平成28年5月13日付貸金は担保されることになると思いますが、平成28年5月6日付貸金は担保されないおそれが高いですね。
S　えっ、どうしてですか？
T　書替とはいっても、亡くなったAの売買代金債務をBとCが相続し、それを遺産分割協議でCが引き受け、それをCがJAから融資を受けて弁済したものですので、準消費貸借契約には該当しないと解されるおそれが高いからです。そのため、平成28年5月6日付貸金は、確定後の新規の貸金であり、本件根抵当権では担保されないおそれが高いのです。

2　書替の保証人との関係での注意点は？
S　平成28年5月6日付貸金を書替前の餌代金の保証人Dから支払ってもらうことはできないでしょうか？
T　準消費貸借契約であれば、先ほど説明したように旧債権の担保・保証

は原則として新債権に及ぶと解されていますので、旧債権の保証人に請求できることとなります。しかし、平成28年5月6日付貸金は、先ほど説明したように準消費貸借契約でない可能性が高く、その融資金でDが保証した餌代金は弁済されて消滅していますので、Dには請求できませんね。

S　そうですか……。ちなみに、平成28年5月13日付貸金は、準消費貸借契約ということですので、旧債権の保証人に請求できるのでしょうか？
T　原則としては、Eに請求できますし、Fの相続人にも請求できることとなります。しかし、書替する際、Eは保証人になってもらっているものの、Fの相続人を意図的に外していることからして、Fの相続人には請求できないでしょうね。「**書替は、担保・保証に、注意して！**」行わなければならないのです。

3　書替の勘所

S　書替には注意が必要なのですね……。
T　そうなのです。書替は、各種貸越金、購買未収金等が延滞しているような場合は、証書化することにより請求しやすくなる、担保・保証を整備しやすくなるメリットがありますが、安易な書替は、担保や保証を失う危険があるので、「**安易な書替、怪我のもと！**」と注意を要するのです。
S　わかりました。
T　根抵当権の確定後の書替は、本設例のような問題を生じますので厳禁です。「**根抵当、確定したら、書替禁止！**」と頭に刻み込んでおいてください。

　また、単なる解決の先送り的な書替は、債務者の資力の悪化等による債権回収の困難化のおそれが大きいので行わないでください。平成28年5月13日付貸金への書替は、行うべきではなかったのです。返済条件の緩和が必要だったのなら、書替せずに覚書などで条件変更だけ行えばよかったのです。そうすれば、Fの相続人に請求することも可能だったの

です。

S　頭にしっかりと刻み込みます！

> **ここが勘所！**

【勘所31】「書替は、担保・保証に、注意して！」

　書替の際には、従前の担保・保証を喪失しないように注意することが必要です。

【勘所32】「安易な書替、怪我のもと！」

　債権保全のために書替が好ましい場合もありますが、単なる解決の先送り的な書替は、債務者の資力の悪化等による債権回収の困難化、担保・保証の喪失のおそれもあるので避けてください。

【勘所33】「根抵当、確定したら、書替禁止！」

　書替前の債権が根抵当権で担保されている場合は、確定後に書き替えても担保されると考えられていますが、無用の争いを避けるため、根抵当権の確定後は書替は行わないようにしましょう。

2　任意売却

> **この節のポイント**
>
> 　不動産については、所有者の協力が得られる場合は、競売よりも任意売却が望ましいが、後日のトラブル防止のため、関係書類への所有者本人による自署、抵当権抹消・仮差押取下げの弁済との引き換え等に注意して行う必要がある。

　不動産について抵当権の担保権を有する場合や仮差押えを行っている場合は、最終的には競売による配当を受けて債権回収を図れます。

　しかし、競売ではなく通常の売買で不動産を処分して代金を弁済に充てることも行われており、任意売却と呼ばれています。これは、競売に比べて任意売却のほうが次のような利点があり望ましいからです。

任意売却の利点		競　売
回収までの時間が早い。	⇔	時間がかかる。
価格が相場並である。	⇔	相場より下がる。
競売関係の費用がかからない。	⇔	費用がかかる。

　以上からして所有者の協力が得られるのであれば任意売却が望ましいのですが、次のような注意点もありますので、所有者の協力が得られにくい場合は、任意売却に固執せずに競売等の法的手続を行ったほうがよいでしょう。

　JAが任意売却を行う場合は、次のような点に注意し、後日トラブルが生じないようにすることが大切です。

① 売買契約書、登記委任状等の関係書類には、所有者本人に自署させる。
　　後日勝手に売却されたとの苦情が出されることがあるため、それを防止するためです。
② 抵当権抹消、仮差押取下げ等は、弁済と引き換えに行う。
　　売買代金の他への流用を防止するためです。
③ 計算関係を明瞭化し、不動産譲渡所得税等の税金に留意する。
④ 保証人から不足分を支払ってもらう予定の場合は、担保保存義務（民法504条）との関係で任意売却について保証人に連絡する、可能なら保証人から承諾を得ておくとよい。

設例12　任意売却を行う際の注意点を理解する

　Aは、妻Bと二人暮らしだったが、JAからAの自宅に抵当権を設定し友人Cを保証人として1,000万円の融資を受けていた。田も所有しているが、消費者金融等からも借金をしたためにJAへの弁済を延滞しだした。そして、自宅の価格も下がってきたため、JAは、Aの田について仮差押えを行った。

　そうしたところ、妻Bから、「Aは、消費者金融からの取立てをこわがって身を隠している。自宅と田を親戚のDに売ってその代金でJAや消費者金融等への借金を整理しようと思っているのだが、抵当権や仮差押えが登記されているとDが買ってくれない。代金で必ずJAへの借金を完済

するとの念書を書くので、急いで抵当権や仮差押えの登記を抹消してほしい」と頼まれた。なお、自宅と田の売却については、BがAから全面的に任されて権利証や実印等も預かっており、契約書や委任状等についてはAの署名押印等はBがかわって行うとのことだった。

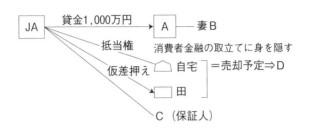

問1　前記の念書をAからJAに差し入れてもらえれば、JAは抵当権抹消・仮差押取下げを行っても問題ないか？

問2　JAも早期の回収のためBがAにかわって行う任意売却に協力して問題ないか？

問3　自宅の任意売却の際、JAは保証人Cとの関係でどのような注意をしなければならないか？

1　念書の差入れで担保や仮差押えを抹消するのは？

S　買主Dが抵当権や仮差押えの登記を心配する気持ちもわかります。Aから念書を差し入れてもらえば大丈夫ではないでしょうか？

T　それは絶対に駄目です！　念書の約束が守られるとは限りませんよ。そもそもAは返済の約束を守らず延滞している人なのです。それにAが守ろうとしたとしても、他の債権者が差押え等を行えばJAへの約束を守れなくなってしまいますよ。

S　では、どうすればよいのですか？

T　Dの心配をなくすため、JAが「債権を全額支払ってもらったら抵当権抹消・仮差押取下げを行う」との念書をDに差し入れればよいのです。JAにとっては当然のことで痛くも痒くもありませんからね。

　抵当権も仮差押えも登記されていてこそ第三者にも対抗できるので

す。抹消してしまったら何の保証もなくなってしまいますから、「**外すのは、お金と引き換え、担保権！**」「**取下げは、お金と引き換え、差押え！**」ですからね。

S　わかりました。

2　家族がかわって行う任意売却の注意点は？

T　妻BがAにかわって行う任意売却への協力についてはどう思いますか？

S　早期に債権回収を実現するために協力してもよさそうに思えるのですが……。

T　本当にAがBに任せている、つまり代理権を与えているのであれば、法的には任意売却は有効で問題はないことになります。しかし、売買契約書、登記委任状等の関係書類に所有者本人が自署できないようであれば、後で勝手に売却されたと言い出す人もおり、買主に迷惑をかけるおそれがあるので任意売却への協力は控えたほうがよいですね。

S　わかりました。

3　任意売却の際の保証人との関係での注意点は？

S　保証人Cとの関係で何か注意すべきことはあるでしょうか？

T　不動産の売買代金によっては保証人から支払ってもらう可能性があるのであれば、「売買代金の金額が低かったからそうなったのだ、JAには担保保存義務違反があるから支払わない（民法504条）！」との主張を受けないように売買代金の金額が低くならないように注意し、事前に保証人に連絡する、可能なら承諾を得ておくと安心ですね。

▌ここが勘所！

【勘所34】「外すのは、お金と引き換え、担保権！」

　　担保を設定した不動産について任意売却が行われる場合は、担保を外すのは、売買代金の他への流用を防止するため、必ずお金と引き換えに

行ってください。

【勘所35】「取下げは、お金と引き換え、差押え！」

　差押え・仮差押えを行ったものについて任意売却等により債権回収を行う場合は、差押え・仮差押えを取り下げるのは、代金の他への流用を防止するため、必ずお金と引き換えに行ってください。

第11章

債務者の特殊な事情に対する対策

1　行方不明の場合

> **この節のポイント**
>
> ❶　期限の利益の喪失、相殺等の通知
>   次の方法により行う。
>   a　公示による意思表示
>   b　組合員名簿の住所地への通知の定款によるみなし到達
>   c　差押債権者への相殺の通知
>   d　期限の利益の当然喪失
>   e　連帯保証人への通知
> ❷　競売申立て・仮差押え・訴訟
>   公示送達により行う。
> ❸　任意売却
>   所有者が行方不明の場合はトラブルが予想されるので行わない。

　人が行方不明となった場合について、民法は、行方不明者の財産の管理のために不在者財産管理人という制度を設け（民法25条～29条）、一定期間生死不明の者を死亡したものとみなして法律関係の確定を図るために失踪宣告という制度を設けています（民法30条～32条）。

　組合員から家族が行方不明となって困っているとの相談を受けた場合は、これらの制度の利用を勧めることとなりますが、JAの債権回収の場合は、これらの制度ではなく、場合に応じて次のような方法をとることとなります。

(1)　期限の利益喪失、相殺等の通知

　期限の利益の喪失、相殺等の通知は、債務者への到達が必要なため、債務者が行方不明だと困ることとなります。

　そのような場合は、次のような方法が考えられます。

a　公示による意思表示（民法98条）

簡易裁判所に申立てして裁判所の掲示場に掲示することにより行います。

b　組合員名簿の住所地への通知の定款によるみなし到達

債務者が組合員の場合は、JAの定款に「組合員名簿の住所地へ通知すれば、通常到着すべきであった時に到達したものとみなす」との条項が設けられていることが多いため、同条項を適用することが考えられます。

c　差押債権者への相殺の通知

債務者がJAに対して有していた債権を他の債権者が差押えした場合は、相殺の通知はその差押債権者に対して行えばよいです。

d　期限の利益の当然喪失

債務者が行方不明になった場合は期限の利益は当然に喪失するとの約定があれば、期限の利益の喪失の通知は不要となります。

e　連帯保証人への通知

連帯保証人への請求は、主債務者にも効力が及びますので（民法458条、434条）、主債務者行方不明のときの期限の利益の喪失の通知は、連帯保証人に行えば足りることになります。

また、連帯保証人は主債務者の有する債権で相殺することができるので（民法458条、436条）、主債務者行方不明のときの相殺は、連帯保証人に行ってもらうことが考えられます。

(2) 競売申立て・仮差押え・訴訟

裁判所からの書類が行方不明により債務者に送達されない場合は、公示送達という方法により裁判所の掲示場に掲示して送達したことにする（民事訴訟法178条～180条）だけであり、特にさしつかえはありません。

(3) 任意売却

所有者が行方不明の不動産の任意売却による債権回収は、所有者本人による契約書、委任状等への自署が不可能であり、後日のトラブルも予想されるため行わないようにしましょう。

2 死亡の場合

> **この節のポイント**
>
> ❶ **債務の相続**
>   債務は、法定相続分により分割されて相続されるのが原則であるが、債権者・相続人の協議により特定人が単独相続することもできる。
>
> ❷ **根抵当権・根保証の相続**
>   根抵当権の債務者または根保証人が死亡した場合は、担保・保証する債務が確定するのが原則である。
>
> ❸ **法的手続と相続**
>   競売申立て・仮差押え・訴訟は、相続人または相続財産管理人を相手に行えばよい。

(1) 債務の相続

　債務者が死亡した場合、保証債務を含む債務も相続人に相続されます。

　この場合、法定相続分により分割して各相続人に相続されるのが原則です。

　相続人が協議し、特定の相続人が債務を単独相続したことにすることも行われることがあります。しかし、債権者の承諾を得ないで行った場合、この相続人の債務の単独相続・他の相続人の債務の免除は、債権者に対抗できません。すなわち、債務を単独相続した特定の相続人が弁済を行った場合は問題は生じませんが、弁済を怠った場合は、債権者は、他の相続人に対し、法定相続分に従った債務の弁済を請求できるのです。

　これに対し、債権者が特定の相続人が債務を単独相続して他の相続人が免責されることを承諾した場合は、債権者は、債務を単独相続した相続人にのみ請求することができ、他の相続人には請求できないことになります。

　農業後継者が債務全額を引き受けるような場合は、［資料11］のような契

約書を締結すると、債務者は農業後継者一人となりますが、他の相続人が連帯保証人となるため、JAにとっても事務手続に都合がよい場合もあるでしょう。

ただし、他の保証人・物上保証人がいる場合にその保証人の承諾を得ずに他の相続人について債務を免除した場合、その免責した分を保証人・担保物件から回収できなくなるので、他の保証人・物上保証人の承諾の印を忘れずにもらうことが大切です。

また、根抵当権を有する場合、特定人が相続分を超えて引き受けた部分については、担保されなくなるおそれが高いので注意を要します。

そこで、債権者としては、保証人、根抵当権等の関係で不安がある場合は、特定の相続人に債務を単独相続させることを承諾せず、［資料12］のような重畳的債務引受契約を利用したほうが安全です。

(2) 根抵当権の相続

a 根抵当権設定者の死亡

根抵当権には影響しません。

b 債務者の死亡

6カ月以内に新債務者となる相続人を登記しないと、根抵当権の被担保債権は確定します（民法398条の9）。

確定させないで相続人を新債務者として利用する場合の方法については、第4章4(2)bおよび［資料2］［資料3］を参照してください。

なお、債務者が複数登記されている場合は、一部の債務者について確定が生じても、他の債務者については確定しません。本人が死亡した後も後継者との取引にその根抵当権を確定させずに利用したい場合は、本人とともに後継者も債務者として登記しておくとめんどうな手続を行わなくともその根抵当権を後継者のために利用し続けられるので便利です。

(3) 根保証の相続

組合員口座貸越、購買貸越、畜産貸越等のような金額の確定していない継

続的な取引の保証を、根保証といいます。

　極度額のない根保証（青天井の根保証）の場合は、根保証人の死亡によりその時点で保証する主債務の金額が確定し、その金額の保証債務を相続人が法定相続分により分割して相続することになり、その後に発生した主債務は保証しないこととなります。

　なお、貸金等根保証契約（保証する範囲に貸金または手形割引が含まれる根保証で保証人が個人のもの：民法465条の2～465条の5）については、極度額を定めなければ無効であるとともに、主債務者または保証人の死亡により確定することが平成17年施行の民法改正で民法に明記され、保証人が保護されることになりました。

　近日中に成立が見込まれる民法改正法案では、すべての個人根保証について、この貸金等根保証契約の保証人保護が広がることになっていますので注意してください。

(4)　競売申立て・仮差押え・訴訟

　相続人または相続財産管理人を相手として行えばよいだけです。

(5)　相続人不存在

　初めから相続人がいない場合、相続放棄により相続人がいなくなった場合は、家庭裁判所により相続財産管理人が選任され、相続財産の管理にあたることになります。

設例13　債務者や保証人の死亡の債権回収への影響を理解する

　養豚農家Aは、妻に先立たれているが長男B・次男Cがおり、同居しているBとともに養豚業を行ってきていた。JAは、Aに対し、親戚Dの連帯保証のもと豚舎建設資金1,000万円を融資するとともに、友人Eの連帯保証のもと極度額や期間を定めない畜産購買取引約定書を締結して餌を供給してきていた。なお、親戚Fの土地に極度額2,000万円・被担保債権を消費貸借取引および売買取引・債務者をA・Bとする根抵当権を設定して

いる。

　そのAが最近亡くなったのだが、相続人のBから、Cと話し合った結果「養豚業の後継者であるBがすべての財産を相続し、JAへの負債もすべてBが相続して責任をもって支払い、Cに迷惑をかけない」との遺産分割協議が成立したので、AのJAとの各種取引や負債の名義をBに変更してほしいとの依頼があった。

　JAは、Bの依頼に応じてAからBに名義変更して保証・担保も従前のままでBと取引を継続しようと考えていたが、Aが亡くなる前にDもEも亡くなっていたことが判明し、Fも高齢で病気がちなので近いうちに亡くなるおそれもある。

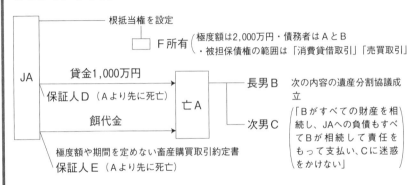

問1　本設例のような遺産分割協議が成立した場合、JAはAに有していた債権をCに請求できなくなるか？

問2　JAが遺産分割協議を承認してAからBへの名義変更に応じた場合、JAの債権には保証や担保を失う部分が生じるか？

問3　JAがA・Bに供給した餌の代金について、Eの相続人は保証債務を負うか？

問4　本設例の根抵当権により今後JAがBに供給する餌の代金は担保されるか？

1　債務はどのように相続されるか？

T　さて、まず問1についてはどう思いますか？

S　Cは、債務もすべてBが支払うというので財産をすべてBが相続することに同意していると思うので、請求されたら堪らないと思います。

T　相続の際はプラスの財産だけでなく、マイナスの財産である債務も対象となりますが、債務は、法定相続分に応じて分割して相続され、付されていた保証や抵当権等の担保もそのまま効力を有するのが原則なのです。

　その分割して相続された債務を遺産分割で特定の相続人がすべて支払うことにするというのは、その相続人が他の相続人が相続した債務を引き受けるということなのですが、債務者である相続人がそれを自由にできるとなると債権者は困る場合があるのです。

S　どんな場合ですか？

T　たとえば、Cは支払能力があるがBはないような場合、Bが債務引受したことによりCに請求できなくなるとすれば、Cに支払ってもらえた分が回収不能となるおそれが高くなってしまいますね。そこで、Cの支払責任を免除するような免責的債務引受は、責任財産の変動を伴い債権者の債権回収に影響を与えるため、債権者の承諾がなければ債権者に対抗できないのです。

S　なるほど。

T　ですから、本設例のような遺産分割協議が成立したとしても、JAは、それを承諾したのでなければ、Cには法定相続分である2分の1の金額を請求できるのです。

2　債務引受の保証や担保への影響は？

S　債務が相続されても保証や担保は効力を有するとのことでしたので、保証や担保がしっかりしている場合は、JAの事務手続も簡便になることですし、Bの依頼に応じてJAとの各種取引や債務者の名義をAからBに変更するのは何か問題があるでしょうか？

T　Bの依頼に応じるということは、CからBへの免責的債務引受を承諾するということになり、保証人や物上保証人の主債務者への求償権にも

影響を与えるため、保証人や物上保証人の承諾を得ておかないと保証や担保から外れる部分が生じてしまうのです。
S　それは困りますね。どう対応すればよいのですか？
T　遺産分割協議の内容を否定する必要はありませんが、債務者の名義をAからBに変更するような免責的債務引受については承諾せず、そのままの状態で全額をBから支払を受け続け、Bが支払を行わないときは、Cに相続分に応じた金額の支払を請求する、保証人や担保からの回収も行えるようにしておけばよいのです。どうしても債務引受を行う必要がある場合は、他の相続人を免責しない併存的債務引受（重畳的債務引受という場合もありますが）にすればよいのです。

3　保証債務の相続と根保証の確定は？

S　問3についてですが、保証人が亡くなったらその相続人に保証債務の履行を請求するのは無理ですよね？
T　一般の方々のなかには、保証債務は相続しないと誤解している人が多いのですが、保証債務も貸金債務と同様に相続するんですよ！　もし、保証債務を相続したくないのであれば、相続放棄しなければならないのです。
S　保証人も大変ですね……。債務者が亡くなっても保証や抵当権等の担保はそのまま効力を有するのが原則とのお話でしたから、Eの相続人は、JAがA・Bに供給した餌の代金について保証債務を負うことになるわけですね？
T　いや、特定の確定した債務の保証や抵当権は、債務が徐々に減っていくものですが、継続した取引により発生する不特定の債務を保証・担保する根保証や根抵当権は、取引が継続する間は新たに債務が増えることもあり負担が重く、当事者の信頼関係を前提としているものであるため、当事者の死亡により確定することがあることがあるので注意を要します。
S　確定すると保証や担保での回収はできなくなるのでしょうか？

T　いや、確定後に発生した債務は保証・担保しないということであり、確定時までに発生していた債務は保証・担保されます。保証人に相続が発生すれば、確定した保証債務が相続の対象となるのです。

S　根保証の保証人や主債務者の死亡と確定の関係を教えてください。

T　根保証に貸金を含む貸金等根保証については、平成17年施行の改正民法により、主債務者・保証人の死亡（民法465条の4）で確定することが明文化されました。

　貸金等根保証以外の根保証については、同民法改正では確定の規定は設けられませんでしたが、以前から極度額および期間の定めのない根保証は主債務者・保証人の死亡により確定すると解されてきています。そのため、畜産購買取引についてのEによる根保証契約は、Aの死亡により確定しており、A死亡時までに発生していた餌代金は保証されることになり、その債務をEの相続人が相続することになりますが、その後に発生したものは保証されないことになります。

S　なるほど。

T　今後成立することが見込まれる民法改正法案では、すべての根保証について、主債務者・保証人の死亡で確定することが明文化される予定です。もっと注意しなければならないのは、貸金等根保証以外の根保証でも、極度額の定めがなければ根保証が無効になることです。改正後民法が施行された後であれば、Eの根保証は無効ですよ！

　いまのうちから民法改正法案に沿った債権管理を意識しておくとよいですね。

4　根抵当権と相続の関係は？

S　問4についてですが、この根抵当権はAの死亡により確定するので担保されませんよね？

T　おっ、根抵当権の確定を理解していますね。根抵当権者または債務者の死亡で相続が開始すると、6カ月以内に新たな根抵当権者または債務者を定めて登記しないと確定しますので（民法398条の8）、そのような

登記が行われない限りAとの関係では確定します。

しかし、Bも債務者として登記されていますので、Bとの関係では確定せずに消費貸借取引や売買取引により発生する債権の担保として利用することが可能なのです。

S それは便利ですね。でも、仮に所有者であるFが死亡してしまったら確定してしまって利用できなくなるのではないでしょうか？

T 根抵当権者や債務者の死亡は確定事由ですが、所有者である根抵当権設定者の死亡は確定事由ではありません。ですから、Fの死亡は根抵当権の効力には影響を及ぼしませんので安心してください。

5 まとめ

S 債務者・保証人・物上保証人の死亡がJAの債権や保証・担保にどのような影響を与えるか、最後にまとめて説明してもらえませんか？

T わかりました。まとめると次のとおりとなります。

保証債務を含む債務は、相続放棄した人に対しては、相続人でなくなるので請求できなくなりますが、相続放棄していない相続人に対しては、法定相続分に応じた金額を請求できることとなります。

その請求には特段の法的手続は不要です。融資金に保証や抵当権等の担保が付されていれば、その保証や担保は従前と変わらず効力を有します。

根保証・根抵当権の場合は、確定を生じるときがあり、確定後に発生した債権は保証・担保されなくなりますが、確定時までに発生した債権については保証・担保されます。保証人が死亡すれば、その確定した保証債務を相続人が相続することになります。

そして、延滞が生じれば、その保証人に請求したり、担保を実行したりすることもできることになります。ですから、当事者が死亡したからといって、特別に心配したり慌てたりする必要はないのです。

ただ、注意を要するのは、相続人が遺産分割協議を行って債務を一人の相続人にまとめる場合や、JAが一人の相続人に債務引受を求める場

合です。その内容やJAの対応によっては保証や担保の範囲から外れるおそれもありますので、JAとしては不利益が生じないように慎重な対応が必要となるのです。

S　よくわかりました。ありがとうございました。

3　破産の場合

この節のポイント

❶　破産手続の概要

　申立て
　↓
　破産手続開始決定
　［破産管財人］
　　債権届出→債権調査→債権表の作成
　　破産手続開始時の破産者のいっさいの財産を換価
　　　ただし、生活必需品は除かれる。
　　　　破産手続開始後の新得財産は破産者の自由となる。
　↓
　配当……総債権者に公平に配当
　　破産直前の弁済等は戻される（否認権）。
　　相殺・担保権実行は自由。
　↓
　免責……特に問題がなければ残りの債務は免除される。
　　ただし、破産者以外の保証人等の責任は残る！

❷　債権者としての対応

　　a　破産債権届出
　　b　相殺・担保権実行
　　c　他の保証人等への請求

❸ 債権者からの破産申立て

(1) 破産手続の概要

　債務者が多額の債務を抱えて支払不能な状態になると、破産してしまうことがあります。

　破産すると、裁判所から破産管財人が選任され、破産者が負っている債務については、債権者に債権届出を行わせて調査し債権表を作成し、破産者の財産については、売却等により換価します。そして、換価した金員を、総債権者に公平に配当することになります。

　配当されないで残った債務は、破産者に特に問題がなければ免除されます。これは、破産者の再出発のために認められた制度であり、免責といいます。多額の債務を抱えた債務者が自ら破産申立てするのは、この免責を得るためなのです。

(2) 債権者としての対応

a　破産債権届出

　裁判所に破産債権届出を行い、その債権額を認められて債権表に記載されれば、配当を受けられるとともに、その債権表の記載は債務名義となります。

　債権者が個々に訴訟を行い、強制執行することはできなくなります。

b　相殺・担保権実行

　配当は債権者に公平に行われます。

　しかし、相殺・担保権実行は、破産による制限を受けず、債権者の自由に任されており、優先的に債権回収することが可能です。

c　破産者以外の者への請求

　破産の効力は、破産者のみにとどまり、他の保証人等には影響しません。

　それゆえ、破産者の保証人等には債権全額の請求が可能であり、そちらからの債権回収を実行することになります。

(3) 債権者からの破産申立て

債権者が十分な担保・保証人を有している場合は、債務者が支払不能の状態になってもそれらにより債権回収を行えばよいのです。

しかし、十分な担保・保証人を有しておらず、しかも債務者が非協力的で財産隠匿・処分を行っているような場合は、債権回収が困難となります。

そのような場合、債務者について、債権者から破産申立てを行い、破産管財人により財産調査を行ってもらい、配当を受けて債権回収することも考えられます。

破産の配当により債権回収できる金額は少ないでしょうが、債務者が破産手続開始を嫌がる場合は、破産申立てを取り下げてもらうため任意に弁済してくることもありますので、債権者からの破産申立てを考えてみるのも一つの方法です。

設例14 破産の基礎と債権回収への影響を理解する

JAは、Aに対し、自宅に抵当権を設定・Bを連帯保証人として1,500万円を融資したが、Aは、病気で働けなくなって種々の支払ができなくなり破産申立てを行った。そのため、JAに裁判所からAについて破産管財人をC弁護士とする破産手続開始決定が届いた。

JAの現在の貸金の残高は700万円で、Aの自宅の時価も700万円程度である。Aは、JAに50万円の貯金と30万円の出資金を有するほか、JAと養老生命共済契約を締結しており、現在の解約返戻金は50万円である。

そうしたところ、破産管財人CからJAに対し、貯金・出資金・共済の解約返戻金をCに支払うようにとの請求があった。

問1 Aに免責許可決定が出れば、JAは保証人Bにも請求できなくなるか？

問2 Aに免責許可決定が出れば、JAはAの自宅を抵当権に基づいて競売申立てすることができなくなるか？

問3 JAは、Aの貯金・出資金・共済の解約返戻金を破産管財人Cに支

払わなければならないか？

1　破産・免責とは何か？　保証人への影響は？

S　借金等の多額の債務を抱えて支払不能な状態になると、本人自ら破産申立てすることがありますが、破産とはどのような手続なのでしょうか？　本人にメリットがあるから破産申立てすると思うのですが、本人にはどのようなメリットがあるのでしょうか？

T　本人の財産・収入の資料と債務の資料を添付して破産申立てを行い、裁判所が支払不能と認めれば破産手続が開始されます。裁判所から破産管財人にされた弁護士は、破産者の債務について債権者からの債権届出を調査して債権表を作成し、破産者の財産について回収・売却等により換価します。そして、その作業が終了すると、換価したお金を総債権者に原則として公平に配当するのです。

S　支払不能だから破産しているので配当されずに残る債務が多いと思うのですが、その残った債務はどうなるのですか？

T　浪費やギャンブル、取込み詐欺のような悪質なことを行っていなければ、税金などを除き支払う責任を免れることになります。これは破産者の再出発のために認められた制度であり免責といいます。多額の債務を抱えた債務者が自ら破産申立てするのは、この免責を許可してもらうためなのです。

S　すると、免責許可決定が出ると、AにもBにも請求できなくなるのでしょうか？

T　免責で責任を免れるのは、免責許可決定を得た破産者本人だけです。保証人Bに対しては、Bも破産して免責許可決定を得ていない限り請求できるのです。主債務者が破産したような場合に備えての保証人ですからね。

2　破産の抵当権への影響は？

S　抵当権はどうなるのでしょうか？

T 別除権として破産の影響を受けず行使できますので(破産法2条9項、65条)、免責が許可された場合でも競売申立ても可能で優先的に弁済を受けられます。

S 競売だと手取りが減るので任意売却を行いたい場合は、だれと交渉すればよいのでしょうか？

T 破産者の財産の管理・処分の権利は破産管財人に専属しますので（破産法78条）、破産管財人と交渉することになります。破産管財人は、破産者の財産を換価しなければなりませんので、買い手を探して任意売却への協力をお願いすれば応じてもらえることが多いですよ。

3 破産の相殺への影響は？

S 破産者の財産の管理・処分の権利が破産管財人に専属することになると、貯金や出資金は破産管財人に支払わなければならないことになるのでしょうか？

T JAが破産者に対して債権を有していなければそういうことになりますが、債権を有しているのであれば相殺を忘れないでください。

S 債務者に破産されても相殺は可能なのでしょうか？

T 破産法67条で相殺は可能です。出資金は、破産者のJAからの脱退の手続を破産管財人に行ってもらって相殺を行うことになります。JAの債権が残っているにもかかわらず、相殺を行わないで貯金や出資金を破産管財人に支払うと、債権回収に支障をきたしますので注意してくださいね。

4 破産の共済への影響は？

S 共済については、どのように考えればよいのでしょうか？

T 保険や共済も解約すれば解約返戻金が戻ってくるので破産者の財産であり、破産管財人は解約して解約返戻金の支払を受ける必要があります。ですから、JAに解約返戻金を請求してくることになりますが、JAが破産者に債権を有している場合は、貯金や出資金と同様に相殺できま

すので、忘れずに相殺してくださいね。
S　わかりました。
　ところで、JAの債権が他の財産で回収できる場合、Aが破産しても共済契約を継続させることはできないのでしょうか？　Aが病気であるため新たに保険や共済の契約を締結するのがむずかしいような場合、Aがかわいそうなことになってしまうので……。
T　そのような場合は、破産管財人の目的は解約返戻金の回収ですから、家族などが解約返戻金と同額のお金を準備して破産管財人に支払って保険や共済を継続することは可能です。
S　なるほど、そのような方法があるのですね。

5　債務者が破産した際の勘所

T　債務者が破産すると債権回収に不安を感じることがあるかもしれませんが、融資の際に融資額に見合った不動産への抵当権の設定や返済能力のある人との保証契約締結をきちんと行っておけば、抵当権や保証は破産の影響を受けないので安心なのです。「**破産でも、効力発揮、相殺・抵当・保証人！**」ですから、裁判所から破産手続開始決定が届いても焦らず、必要に応じて破産管財人と協議しながら、抵当権の実行や任意売却、相殺、保証人への請求などを適切に行って債権回収を行えばよいのです。
S　わかりました。今後の債権の管理・回収に役立てます。

ここが勘所！

【勘所36】「破産でも、効力発揮、相殺・抵当・保証人！」
　主債務者が破産した場合でも、相殺・抵当権の実行・保証人への請求は自由にできるので、これらをしっかり確保していれば焦る必要はないのです。

| 債権回収 こぼれ話 | **主債務者本人が破産したので保証人も安心？** |

　主債務者本人が破産してしまったので、JAからの依頼で保証人に請求書を送ったところ、保証人から電話で「本人から、数カ月後に裁判所から免責許可決定が出てJAからの借金は消えるので保証人にも迷惑をかけないですむことになった、といわれた。私の保証責任はもうすぐ消えるはずだ！」と叱られました。

　でも、それは誤解です！

　免責で債務を免れるのは破産した本人だけで、破産していない保証人は保証債務を免れないのです。免れたければ保証人も破産して免責を得るしかないのです。

　主債務者が破産したような場合に備えての保証人なのであり、主債務者が破産した場合こそ保証人に頑張ってもらう場面なのです⁉

第12章

弁済を受けたときの注意点

1 弁済の充当

> **この節のポイント**
>
> 弁済された金額が債務全額に足りないときの充当は、特約または合意がある場合はそれに従って行い、特約または合意のない場合、裁判所の配当の場合は次のような順序（法定充当）により行う。
> ❶ 民法491条……費用→損害金・利息→元本
> ↓
> ❷ 民法489条……弁済期にあるもの→債務者の利益→弁済期の順
> 　　　　　　　→額に応じて充当

　弁済された金額が債務全額に足りないときは、どこに充当するかが問題となります。

　この充当が問題となるのは、利息損害金は原則として元本にのみ生じること（JAの場合、利息にも損害金を付する特約をしていることがありますが）、利率の大小、担保の有無等により、どこに充当するかについて債権者と債務者の利害が反するからです。

　また、保証人にも影響するので注意を要します。

(1) 特約・合意

　弁済の充当について特約がなされていたり、弁済の際に合意が成立していたりすれば、充当はその特約または合意に従って行われます。

　ただし、競売等による裁判所からの配当の場合は、特約または合意があったときでも、(2)に記載の法定充当になるので注意を要します。

(2) 法定充当

　特約または合意のない場合、裁判所からの配当の場合は、民法の定めにより次の順序により充当を行うことになります。

① 民法491条……費用→損害金・利息→元本

　まず、費用、損害金・利息、元本を払うべき場合は、この順序で充当します。

② 民法489条……弁済期にあるもの→債務者の利益→弁済期の順
　　　　　　　　→額に応じて充当

　次に、債権が何口かある場合、利息相互間、元本相互間においてどの債権の利息、元本に充当するかは、民法489条の定めによることになります。

　すなわち、弁済期にあるものとないものがあるときは弁済期にあるものを先にし（1号）、弁済期にあるもの同士、弁済期にないもの同士のなかでは債務者のために利益の多いものを先にする（2号）。債務者のための利益が同じときは弁済期の順によるものとし（3号）、それも同じときは額に応じて充当する（4号）のです。

　なお、「債務者の利益」の判断では、利率の大小がある場合は、利率の大きいものから充当するのが債務者に利益となり、担保の有無がある場合は、担保のあるものから充当するのが担保物を自由にできることになるため債務者に利益となると判断します。

　保証人の有無は、債務者の利益を左右しません。

設例15　充当の基礎と注意点を理解する

　JAは、Aに対し、Aの自宅と田を共同担保として極度額を1,000万円、被担保債権の範囲を消費貸借取引・売買取引、債務者をAとする根抵当権を設定し、下記①、②記載の二口の融資を行った。なお、田にはJAのみが担保を設定しているが、自宅にはJAより先に銀行の抵当権が設定されていた。

　ところが、Aは、事業に失敗して支払不能の状態に陥り、JAや銀行への返済も延滞して期限の利益を失い、自宅について銀行から競売を申立てされた。JAは、裁判所から債権届出の催告を受けて債権届出を行い、平成28年2月末日には裁判所から300万円の配当を受けられる予定となった。なお、配当日の債権残高は下記①、②記載のとおりである。

配当金については、Cから「金額も同じで切りがよいので、②の貸金の元金に充当してほしい」と強く要望されたので、借用証書に「JAは適当と認める順序方法により充当することができる」との条項によりCの要望どおり充当し、他の債権については田を300万円で買いたいという農家がいるので、任意売却と保証人からの弁済で回収しようかと思っている。

① 平成22年9月付貸金
　　元金600万円・利息年5％・損害金年12％・保証人B
　　配当日残高：残元金350万円・利息15万円・損害金30万円
② 平成23年7月付貸金
　　元金400万円・利息年4％・損害金年10％・保証人C
　　配当日残高：残元金300万円・利息10万円・損害金25万円

問1　Cに要望された充当を行ってもJAには不利益はないか？
問2　本設例のような条項があれば、本設例のような充当処理に問題はないか？

1 充当の違いによる利益・不利益の有無は？

T　どこに充当するかでJAに利益・不利益はあると思いますか？

S　特にないような気もするのですが……。

T　損害金は、利息や損害金には生じますか？

S　あっ、生じないのが原則です。

T　そうです。利息・損害金は元金にのみ生じるのが原則ですので、元金から充当するのは債権者であるJAに不利益となります。また、元金が何口かある場合、利息・損害金の利率の高いものから充当するのは債権者に不利益となりますし、担保のあるものから充当するのも債権者に不利益となります。「一部入金、損得あるよ、充当注意！」なのです。

S　なるほど……。

T　さらに注意を要するのは、複数の債権の保証人が異なる場合です。充当された債権の保証人に比べて充当されない債権の保証人、本設例のBのような保証人は重大な不利益を被ることになりますので、そのような

保証人から苦情がきても説明できるように充当について慎重に検討する必要があるのです。

2 充当の順序はどうなるか？

S 慎重な検討は必要なのでしょうが、取引約定書や借用証書に「JAは適当と認める順序方法により充当することができる」との条項があるので、どこに充当するかは最終的にはJAの自由ではないのですか？

T そのような条項がある場合でもJAのまったくの自由ではなく、債権の保全や回収のために合理的なものである必要があり、合理的な理由もなく信義に反するような充当は無効とされるおそれがあるのです。本設例ではCに要望されただけで、しかもJAに不利益な充当ですので合理性は認められず、Bから無効だといわれたら負けますね。

S そうでしたか……。

T そもそも本設例では裁判所からの配当なので、**「競売の、配当受けたら、法定充当！」**と、民法の条文による法定充当になるとするのが判例なのです。

S えっ、そうなのですか！ 法定充当だとどんな順序で充当するのでしょうか？

T まず、民法491条により、費用、損害金・利息、元金を払うべき場合は、この順序で充当することになります。

S まずは債権者の利益の順なのですね。

T そうですね。次に、債権が何口かある場合、利息相互間、元金相互間においてどの債権の利息や元金に充当するかは、民法489条の定めによることになり、弁済期にあるものとないものがあるときは弁済期にあるものを先にし（1号）、弁済期にあるもの同士、弁済期にないもの同士のなかでは債務者のために利益の多いものを先にする（2号）。債務者のための利益が同じときは弁済期の順によるものとし（3号）、それも同じときは額に応じて充当する（4号）ことになります。

S 本設例では配当される300万円はどのように充当されるのでしょ

か？

T　まず、①、②の貸金の損害金・利息の合計80万円に充当され、残った220万円が元金に充当されることになります。①、②ともに期限の利益を喪失しているため弁済期にありますので、債務者のために利益の多いほうの元金に充当されることになります。利率の大小がある場合には利率の大きいものから、担保の有無がある場合には担保のあるものから充当するのが債務者のために利益が大きいと考えられますので（なお、保証人の有無は債務者の利益を左右しないと考えられています）、①の貸金の元金に220万円が充当され、②の貸金の元金への充当は0となります。

S　Cの要望による充当を行って①の貸金を保証人Bに請求したら、充当が間違っていると怒られてしまいますね。

T　そうなんです。弁済された金額が債権額全額に足りない場合は、どこに充当するかでJAに損得が生じたり、保証人の利害に影響を与えたりしますので、充当は慎重に行ってくださいね。

ここが勘所！

【勘所37】「一部入金、損得あるよ、充当注意！」

　弁済された金額が債権額全額に足りない場合は、どこに充当するかで損得が生じることがあるので注意しましょう。

【勘所38】「競売の、配当受けたら、法定充当！」

　競売等による裁判所からの配当の場合は、特約または合意があったときでも、充当は必ず法定充当になるので注意しましょう。

2　弁済による代位

この節のポイント

　保証人等から弁済を受けたときは、抵当権等について当然に代位が生じ、保証人等に移転することを忘れてはならない。

任意売却等のための抵当権・根抵当権の解除の際は、保証人の承諾を得ておくと安全である。

(1) 弁済による代位とは

保証人等の主債務者以外の者が弁済した場合、弁済した者は、主債務者に対し、弁済した金額の償還を求める権利を取得し、これを求償権といいます。民法は、この求償権の保護のため、主債務者以外の者で弁済した者について、求償権の範囲内で、債権者に代位して、債権者が有していたいっさいの権利を行使できるという制度を設けており、これを弁済による代位といいます。

主債務者以外の者から弁済を受けた場合でも、債権者の立場からすれば債権回収には違いないため、安堵感から油断してこの弁済による代位を失念してしまうと、後になって代位者から損害賠償の請求を受けることもあります。

そこで、保証人等の主債務者以外の者から弁済を受けた場合は、この弁済による代位を失念しないように注意しなければなりません。

(2) 代位の要件

a 法定代位（民法500条）

弁済につき正当の利益を有する者（弁済する義務を負っている者、弁済しないと不利益を受ける者）が弁済した場合は、弁済により当然に代位が生じます。

この例としては、保証人、物上保証人、担保不動産の第三取得者があり、これらの者から弁済を受けた場合は、当然に代位が生じるわけですから、債権者が代位を拒否することはできません。

b 任意代位（民法499条）

弁済につき正当の利益を有しない者が弁済した場合は、債権者の承諾により代位が生じます。

(3) 代位の効果

　代位が生じると、代位した者は、求償権の範囲内で、債権者の有するいっさいの権利を行使できることとなります。

　弁済が債権の一部の場合は、その金額に応じて代位が生じます（民法502条）。

　なお、求償権の根拠条文は、次のとおりです。

① 　保証人……民法459条～465条
② 　物上保証人……民法351条、372条
③ 　保証人・物上保証人以外の者が主債務者の委託を受けて弁済した場合
　　　→委任……民法650条
④ 　保証人・物上保証人以外の者が主債務者の委託を受けずに弁済した場合
　　　→事務管理……民法702条

　代位が生じる債権者の有するいっさいの権利の主なものは、次のとおりです。

① 　債務者・保証人に対する請求権（判決等）

　　なお、保証人・物上保証人相互間は、頭数、価格に応じて代位することになります。

② 　担保権（抵当権等）

　　実務上はこれが重要であり、法定代位の場合は、弁済を受けたとき、債権者の有していた抵当権は、当然に弁済者に移転するのです。その結果、債権者は、代位の生じた抵当権について代位した者のために付記登記を行う義務を負うことになります。

　　なお、確定後の根抵当権については代位が生じますが、確定前の根抵当権については代位は生じません（民法398条の7）。

(4) 代位への期待の保護

　保証人等の法定代位が予定されている人は、債権者の有する権利への代位を期待しています。そこで、その期待を保護するため、次のような規定があるので注意してください。

　任意売却等のための抵当権・根抵当権を解除する際は、後で担保保存義務違反の主張をされないように、保証人の承諾を得ておくと安全です。

a　担保保存義務（民法504条）

　債権者の故意・過失により担保が喪失・減少したときは、その限度で保証人等に請求できなくなります。

b　連帯保証人への免除（民法458条、437条）

　連帯保証人が複数いる場合に一人の連帯保証人について保証債務を免除すると、他の連帯保証人に対し、その免除された連帯保証人の負担部分の金額を請求できなくなります。

設例16　代位の基礎と注意点を理解する

　JAは、実家に住んで畜産を営むAに対し、平成23年にAの田に抵当権を設定し、同居の父Bを連帯保証人として金500万円を融資した（貸金1）。その後、平成24年にAの畜舎に抵当権を設定し、友人Cを連帯保証人として金500万円を融資した（貸金2）。ところが、Aは、平成27年末にBと親子喧嘩して畜産経営を辞めて実家を出てしまった。JAは、Aに対して、貸金1の残金200万円、貸金2の残金300万円、餌代金200万円の債権を有していた。

　Aには他にめぼしい財産も収入もなく債権の回収に不安があったが、貸金1については、平成28年1月に連帯保証人のBに請求したところ全額弁済を受けられ、Aの求めに応じて田に設定していた抵当権を抹消した。そうしたところ、Aは、田を200万円でDに売却し、その代金は、Aの再出発の資金とされてしまった。

　餌代金については、保証人もなく回収に悩んでいたところ、畜舎を親戚

のEが200万円で買うとの話が出てきたので、その代金を餌代金の弁済に充てて、貸金2については、JAに多額の貯金を有するCに請求するとの案が考えられた。そして、A・Eと話を進めようとしていたところ、Bから「JAが田の抵当権を抹消したために損害を被った。JAに200万円の損害賠償を請求する予定である」との連絡があった。

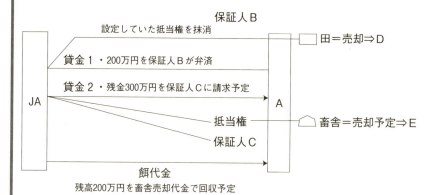

問1　JAは、Bに200万円を損害賠償しなければならないか？
問2　畜舎の代金を餌代金の弁済に充てた場合、JAは、貸金2をCに請求できるか？

1　代位の見落としと損害賠償責任

T　田の抵当権抹消は問題があったと思いますか？

S　担保していた貸金1が弁済で消滅したのだから抵当権の抹消は当たり前のことで、JAがBに損害賠償しなければならない理由はないと思うのですが……。

T　主債務者であるAが弁済したのであれば問題はないのですが、保証人Bが弁済した場合は、Bは、本来弁済すべきだった主債務者Aに対し、弁済した金額の償還を求める権利、すなわち求償権を取得します（民法459条）。この求償権の保護のため、弁済者は求償権の範囲内で債権者に代位して債権の効力および担保として債権者が有していたいっさいの権利を行使できるという制度（弁済による代位）が設けられているのです

（民法499条〜501条）。

S　なるほど。

T　代位で行使できる権利のなかで重要なのは、判決等の債務名義や抵当権等の担保です。

　本設例でいえば、田の抵当権は、代位でJAからAに移転していたのです。ところが、JAがその抵当権を抹消して田がDに売却されてしまったため、Bは、その抵当権を行使して200万円を回収することができなくなり同額の損害を被ったわけですから、その損害の賠償をJAに請求できることになるのです。

S　でも、Bは、田の抵当権について代位するなどということをまったくいわなかったため、JAの担当者は、代位に気づかないで抹消してしまったのです。後でJAに請求されても困りますよ。

T　気持ちはわかりますが、保証人などのように弁済について正当な利益を有する者は、なんらの意思表示も手続も要せず当然に代位するのであり（民法500条）、弁済と同時に抵当権を代位で取得するのです。JAの担当者がそれに気づかなかったというのは過失があったといわざるをえず、Bが被った損害の賠償責任は免れないことになります。

S　わかりました。「保証人の、弁済受けたら、法定代位！」を失念しないように頭に刻み込みます。

2　担保保存義務に注意

T　ところで、本設例の餌代金と貸金2の回収方法の案についてはどう思いますか？

S　JAの債権を全額回収できる名案と思えるのですが……。

T　いや、この案を実行したら、Cには保証債務の履行を請求できなくなりますよ。

S　えっ、なぜですか？

T　畜舎の抵当権は、Cが保証する貸金2を担保するものであり、Cは、先にJAが抵当権を実行して債権回収した場合は保証債務を免れる、先

にCが保証債務を弁済した場合は代位により自己に移転してAへの求償に行使できると期待しているものです。そのような期待・利益を保護するため、民法504条は、保証人等のような弁済で当然に代位する者がある場合、債権者に担保保存義務を課しており、債権者が故意または過失で担保を喪失または減少させたときは、それにより償還を受けられなくなった限度で保証人は責任を免れると定めているのです。

S　なるほど。

T　畜舎の抵当権を抹消して売却代金を貸金2ではなく餌代金の弁済に充てるというのは、貸金2の担保を故意に喪失させているものであり、本設例ではCは全額Aから償還を受けられなくなるでしょうから、JAはCに保証債務の履行を請求できなくなるのです。

S　そうなのですね……。

T　保証人等の主債務者以外の者から弁済を受けた場合、債権者の立場からすれば債権回収には違いがないため、安堵感から弁済による代位を失念してしまうおそれがあります。しかし、本設例のように保証人から損害賠償の請求を受ければ責任を免れませんので、失念しないように注意する、むしろ保証人のために代位を教示するくらいでないといけませんね。

S　わかりました。

T　また、抵当権等の担保権は、保証人のためのものでもあることを「**担保権、保証人のためにも、大切に！**」と注意し、任意売却等で抹消する場合は、その代金額や充当について後で保証人からクレームが生じないように周到に注意することが勘所です。

ここが勘所！

【勘所39】「保証人の、弁済受けたら、法定代位！」
　保証人から弁済を受けたときは、抵当権等について当然に法定代位が生じ、保証人に移転することを忘れないように注意しましょう。

【勘所40】「担保権、保証人のためにも、大切に！」

保証人等の法定代位が予定されている者は、担保権への代位を期待しており、その期待を保護するため、債権者の故意・過失により担保を喪失・減少したときは、その限度で保証人等に請求できなくなるので注意してください。

> ［債権回収こぼれ話］ 反対尋問で「手切れ金」と聞き出し逆転勝利！
>
> 設例16の事件では、JAは、Bから200万円の損害賠償を求める裁判を起こされ、法定代位で抵当権は当然にBに移転していたのに、JAはそれに気づかず抹消して損害を与えているので敗訴を覚悟していました。
> 　裁判も終盤のBの本人尋問となり、Bは、Bの依頼した弁護士からの主尋問の際、長男Aに家を継いでもらうつもりで田も贈与したが、借金のことなどで大喧嘩となり親子の縁を切るということで200万円を支払ってやったと供述したのでした。
> 　ん？　これは逆転できるかも……と私は、Bに次のような反対尋問を行ったのでした。
> 私「田を譲ったのに借金を作られて保証人として請求され苦労しましたね」
> B「はい」
> 私「それで親子の縁を切ることにしたのですね」
> B「そうです」
> 私「親子の縁を切るにあたり最後に200万円を支払ってやることにしたのですね」
> B「はい」
> 私「200万円はAと親子の縁を切る手切れ金ですね」
> B「そうですね」
> 私「手切れ金だからAから後で返してもらうつもりはありませんでしたね」
> B「はい」
> 　そのうえで、最終の口頭弁論で、BはAから200万円を返してもらうつもりはなかった。すなわち求償権を放棄していたのだから損害はない。と主張し、判決でも認めてもらえて逆転勝利！となったのでした。
> 　逆転できたのはうれしかったですが、二度とこのような思いはしたくない、と「保証人の、弁済受けたら、法定代位！」をセミナーで強調するようになったのでした。

資 料 集

[資料1] 根抵当権設定契約証書（共同担保）

印 紙 不課税	根抵当権設定契約証書 （共同担保）

平成　年　月　日

（住所）

　　　農業協同組合　御中

　　　　　　債　務　者　住　所 ＿＿＿＿＿＿＿＿＿＿＿＿＿
　　　　　　兼担保提供者　氏　名
　　　　　　　　　　　（名称・代表者）　　　　　　　㊞

　　　　　　担保提供者　住　所 ＿＿＿＿＿＿＿＿＿＿＿＿＿
　　　　　　　　　　　　氏　名
　　　　　　　　　　　（名称・代表者）　　　　　　　㊞

第1条（根抵当権の設定）
　担保提供者は、その所有する後記物件のうえに、共同担保として次の要領により根抵当権を設定しました。債務の弁済等については債務者が＿＿＿＿＿農業協同組合（以下「組合」という。）と別に締結した農協取引約定書の各条項のほか、下記条項に従います。
1．極　度　額　　金＿＿＿＿＿＿＿＿＿＿＿＿円也
2．被担保債権の範囲
　①　消費貸借取引・売買取引・手形割引取引・当座貸越取引・保証委託取引及び保証取引によるいっさいの債権
　②　民法第398条の2第3項による手形上・小切手上の債権
　③　平成＿＿年＿＿月＿＿日＿＿＿＿＿＿＿＿契約によるいっさいの債権
3．債　務　者　住　所 ＿＿＿＿＿＿＿＿＿＿＿＿＿
　　　　　　　　氏　名
　　　　　　　（名称・代表者）
4．確　定　期　日　　定めない

第2条（登記義務）
　担保提供者は、前条による根抵当権設定の登記手続を遅滞なく行い、その登記事項証明書を組合に提出します。今後、この根抵当権について各種の変更等の合意がなされたときも同様とします。

第3条（被担保債権の範囲の変更等）
　この契約による根抵当権について、組合より被担保債権の範囲の変更、極

度額の増額、根抵当権の譲渡・一部譲渡、確定期日の延期等の申し出のあった場合には、直ちにこれに同意します。なお、債権保全を必要とする相当の事由が生じたときは、第1条第2号①の取引を中止され③の契約を解約されても差し支えありません。

第4条（共同根抵当権についての変更）

　共同根抵当権について、その被担保債権の範囲、債務者もしくは極度額の変更、または根抵当権の譲渡もしくは一部譲渡をするときは、すべての根抵当権について同一の契約をし、登記手続をすることに協力します。

第5条（根抵当物件）

① 担保提供者は、あらかじめ組合の書面による承諾がなければ根抵当物件（根抵当建物の借地権を含む。以下同じ。）の現状を変更し、または根抵当物件を譲渡し、もしくは第三者のために根抵当物件に権利を設定しません。

② 根抵当物件が原因のいかんを問わず滅失・毀損しもしくはその価格が減少したとき、またはそのおそれがあるときは、債務者または担保提供者は直ちにその旨を組合に通知します。この場合、組合が相当の期間を定めて請求したときは組合の承認する担保もしくは増担保を差し入れ、または保証人をたてもしくはこれを追加します。

③ 根抵当物件について譲渡、土地明渡し、収用その他の原因により譲渡代金・立退料・補償金・清算金などの債権が生じたときは、担保提供者はその債権に組合を質権者とする質権を設定します。

第6条（損害保険）

① 債務者または担保提供者は、この根抵当権が存続する間、根抵当物件に対し、組合または組合の承認する保険会社と組合の指定する金額以上の火災共済契約その他共済契約または火災保険契約その他損害保険契約（以下単に「保険契約」という。）を締結しまたは継続し、その保険契約に基づく権利のうえに、組合のため保険契約に根抵当権者特約条項をつけるかまたは質権設定の手続をとります。

② 債務者または担保提供者は、前項により締結したまたは継続した保険契約以外に、根抵当物件に対し保険契約を締結したときは、債務者または担保提供者は直ちに組合に通知し、その保険契約についても前項と同様の手続をとります。

③ 前2項の保険契約の継続、更改、変更および保険目的物件罹災後の共済金または保険金（以下単に「保険金」という。）等の処理については、すべて組合の指示に従います。

④ 組合が権利保全のため、必要な保険契約を締結しもしくは継続し、または債務者もしくは担保提供者に代って保険契約を締結しもしくは継続し、その共済掛金または保険料（以下単に「保険料」という。）を支払ったと

きは、債務者および担保提供者は組合の支払った保険料その他の費用に対し、その支払日から年＿＿＿＿＿％の割合の損害金を付けて支払います。この場合の計算方法は年365日の日割計算とします。
⑤　前4項により締結または継続された保険契約に基づく保険金を組合が受領したときは、債務の弁済期前でも法定の順序にかかわらず組合は弁済に充当することができるものとします。

第7条（借地権）
①　担保提供者は、根抵当建物の敷地が借地の場合、その借地期間の満了の際、借地借家法第22条、第23条、第24条の定期借地権を除き、直ちに借地契約の更新手続をとり、また土地の所有者に変更があったときは直ちに組合に通知し、また借地権の種類・内容に変更を生ずる場合にはあらかじめ組合に通知します。
②　担保提供者は、借地契約の解約、賃料不払、借地権の種類・内容の変更その他借地権の消滅または変更をきたすようなおそれのある行為をせず、またこのようなおそれのあるときは借地権保全に必要な手続をとるとともに、直ちに組合に通知します。
　　また建物が滅失した場合にも組合の同意がなければ借地権の譲渡転貸その他任意の処分をしません。
③　根抵当建物が火災その他により滅失し、建物を建築する場合には、直ちに借地借家法第10条第2項の所定の掲示を行ったうえ、速やかに地主の承諾を得て建物を建築してこの根抵当権と同一内容・順位の根抵当権を設定します。また、直ちに建物を建築しない場合には、保険金等によって弁済をしてもなお残債務があるときは、借地権の処分について組合の指示に従うものとし、組合はその処分代金をもってこの根抵当権の被担保債務の弁済に充当することができるものとします。

第8条（根抵当物件の処分）
　　債務者が組合に対する債務の履行を怠った場合には、組合は、根抵当物件について、法定の手続も含めて一般に適当と認められる方法・時期・価格等により組合において処分のうえ、その取得金から諸費用を差し引いた残額を法定の順序にかかわらず債務の弁済に充当できるものとし、なお残債務がある場合には債務者は直ちに弁済します。
　　債務の弁済に充当後、なお取得金に余剰が生じた場合には、組合はこれを権利者に返還するものとします。

第9条（根抵当物件の調査）
　　担保提供者は、根抵当物件について組合から請求があったときは、直ちに報告し、また調査に必要な便益を提供します。

第10条（費用の負担）
　　この根抵当権に関する設定・解除または変更・処分の登記並びに根抵当物

件の調査または処分に関する費用は、債務者および担保提供者が連帯して負担し、組合が支払った金額については直ちに支払います。

第11条（担保保存義務の免除・代位）
① 担保提供者は、組合が相当と認めて他の担保もしくは保証を変更・解除しても免責を主張しません。
② 担保提供者が弁済等により、代位によって組合から取得した権利は、債務者と組合との取引継続中（担保提供者が代位弁済をした債権以外に、組合が債務者に対して他の債権を有する場合など）は、組合の同意がなければこれを行使しません。
③ 担保提供者が組合に対しほかに保証している場合および将来この物上保証のほかに保証する場合には、これらの保証はこの物上保証により減少または変更されないものとします。

以　上

記

物件の表示	順位番号	所有者

（農協使用欄）

係　印	印鑑照合	検　印

使用上の注意事項〈「根抵当権設定契約証書（共同担保）」〉

1 数個の不動産について共同担保根抵当とする場合には、共同担保用を使用する。なお、土地とその地上にある建物に根抵当権を設定する場合は共同担保とするのを原則とする。

2 被担保債権の範囲について

　銀行や農林中央金庫等では、一定の種類の取引として「銀行取引」が認められているが、農協の場合「農業協同組合取引」という表示は認められておらず、取引の種類を列挙しなければならない。被担保債権の範囲については貸出先との取引の実態に応じて適宜修正して使用する。

　　（例）　消費貸借取引、手形割引取引、当座貸越取引、売買取引、賃貸借取引、運送取引、保証委託取引、保証取引など

　なお、農協の行っている業務の中で、営農貸越、購買貸越、組合員勘定などは、前に掲げたような一定の種類の取引として認められておらず、特定の継続的取引契約としてこれらの契約を表示して登記しなければならない。

　　（例）　平成○年○月○日営農貸越取引契約

3 署名欄の署名方法

(1) 債務者が担保提供者の場合

　「債務者兼担保提供者」欄に、署名・押印させる。

(2) 債務者以外の者が担保提供者の場合

　a　債務者には、「債務者兼担保提供者」欄に署名・押印させ、「担保提供者」の文字は抹消する（訂正印不要）。

　b　担保提供者には、「担保提供者」欄に署名・押印させる。

4 元本確定期日

　元本確定期日を定める場合は、「定めない」の文字を削除し、「平成　年　月　日」と一定の日を記入する。この確定期日は、設定の日（この根抵当権設定証書の日付）から5年以内の日であることを要する。

以　上

[資料２]　根抵当権変更証書（相続についての合意・本人提供用）

|印　紙
不課税| |

根抵当権変更証書
（相続についての合意・本人提供用）

平成　　　年　　　月　　　日

（住所）
根抵当権者　　　　農業協同組合　御中

　　　　根抵当権設定者の相続人　　住　所＿＿＿＿＿＿＿＿＿＿＿＿＿＿＿＿＿＿
　　　　　　　　　　　　　　　　　氏　名＿＿＿＿＿＿＿＿＿＿＿＿＿＿＿＿㊞

　　　　　　　同　　　上　　　　　住　所＿＿＿＿＿＿＿＿＿＿＿＿＿＿＿＿＿＿
　　　　　　　　　　　　　　　　　氏　名＿＿＿＿＿＿＿＿＿＿＿＿＿＿＿＿㊞

　　　　　　　同　　　上　　　　　住　所＿＿＿＿＿＿＿＿＿＿＿＿＿＿＿＿＿＿
　　　　　　　　　　　　　　　　　氏　名＿＿＿＿＿＿＿＿＿＿＿＿＿＿＿＿㊞

第１条（相続人の合意）
　　＿＿＿＿＿農業協同組合と根抵当権設定者（債務者）の上記相続人は、平成＿＿＿年＿＿＿月＿＿＿日根抵当権設定契約により後記物件のうえに設定された根抵当権（平成＿＿＿年＿＿＿月＿＿＿日＿＿＿地方法務局＿＿＿支局・出張所受付第＿＿＿号登記済）の債務者につき相続が開始したについては、民法第398条の８第２項の規定により、相続人のうち＿＿＿＿＿をこの根抵当権の債務者とすることに合意しました。

　　　　　　　　　　　　　　　　　　　　　　　　　　　　　　　　以　上

　　　　　　　　　　　　　　　　　記

物件の表示	順位番号	所有者

（農協使用欄）

係　印	印鑑照合	検　印

使用上の注意事項〈「根抵当権変更証書（相続についての合意・本人提供用）」〉

1　使用目的
　　これは、担保提供している債務者が死亡した場合に根抵当権を確定させず、その相続人に対する新規与信も既設定の根抵当権で担保するときに使用する。

2　留意事項
(1)　担保不動産について、共同相続人間において6か月以内に分割協議が成立し、その所有権が相続人のうち特定の者に相続された場合は、本契約書の相続人の署名はその不動産の所有権を相続した者だけでよい。
(2)　ただし、合意される相続人には所有権者であることが要求されていないので合意相続人はその者以外の者であってもよい。
(3)　作成後3か月以内の印鑑証明書を添付させる。
(4)　相続開始後6か月以内に「合意の登記」を行わないと、根抵当権が確定してしまうので留意すること。

　　　　　　　　　　　　　　　　　　　　　　　　　　　　以　　上

[資料３] 根抵当権変更証書（相続についての合意・第三者提供用）

根抵当権変更証書
（相続についての合意・第三者提供用）

| 印　紙
不課税 | |

平成　　年　　月　　日

（住所）
根抵当権者　　　農業協同組合　御中

　　　　　　　根抵当権設定者　住　所＿＿＿＿＿＿＿＿＿＿＿＿
　　　　　　　　　　　　　　　氏　名＿＿＿＿＿＿＿＿＿＿㊞

　　　　　　　債務者の相続人　住　所＿＿＿＿＿＿＿＿＿＿＿＿
　　　　　　　　　　　　　　　氏　名＿＿＿＿＿＿＿＿＿＿㊞

　　　　　　　同　　　上　　　住　所＿＿＿＿＿＿＿＿＿＿＿＿
　　　　　　　　　　　　　　　氏　名＿＿＿＿＿＿＿＿＿＿㊞

第１条（相続人の合意）
　＿＿＿＿農業協同組合と根抵当権設定者は、平成　　年　　月　　日根抵当権設定契約により後記物件のうえに設定された根抵当権（平成　　年　　月　　日　　　地方法務局　　　支局・出張所受付第　　　号登記済）の債務者＿＿＿＿につき相続が開始したについては、民法第398条の８第２項の規定により、その相続人のうち＿＿＿＿＿＿をこの根抵当権の債務者とすることに合意しました。

　　　　　　　　　　　　　　　　　　　　　　　　　　以　　上
記

物件の表示	順位番号	所有者

（農協使用欄）

係　印	印鑑照合	検　印

使用上の注意事項〈「根抵当権変更証書（相続についての合意・第三者提供用）」〉

1　使用目的

　　これは、債務者が死亡した場合に根抵当権を確定させず、その相続人に対する新規与信も既取得の根抵当権（第三者提供用）で担保するときに使用する。

2　留意事項

(1)　書式例は根抵当権設定者（第三者）が担保提供している場合に、債務者が死亡し、根抵当権設定者（第三者）と組合の合意によって相続人のうちの1人を債務者にする場合である。

(2)　作成後3か月以内の印鑑証明書を添付させる。

(3)　相続開始後6か月以内に「合意の登記」を行わないと、根抵当権が確定してしまうので留意すること。

以　上

[資料4] 債務承認書

債務承認書

|印紙
不課税|

平成　年　月　日

農業協同組合　御中

債務者　住　所 ＿＿＿＿＿＿＿＿＿＿
　　　　氏　名
　　　　（名称・代表者）＿＿＿＿＿＿＿㊞

債務者は、＿＿＿農業協同組合に対して平成＿年＿月＿日現在、下記のとおり債務を負担していることを承認いたします。

記

（単位：円）

借　入　形　式				
借入日・契約日				
当初借入額・極度額				
債　務　額				
内訳	元　　金			
	利　　息			
	遅延損害金			

債務金額合計　金　　　　　　円

（農協使用欄）

お客様番号	
貸付番号	

係　印	印鑑照合	検　印

[資料５] 支払いについてのお願い（債務確認）

支払いについてのお願い（債務確認）

　　　○○農業協同組合　御中

　貴組合に対する下記債務の支払いを延滞してご迷惑をおかけしておりますが、即時の一括支払いが困難な状況ですので、下記の支払方法により支払いをすることをご承諾して戴きたくお願い致します。

記

（債務内容）
　債務金額　　金＿＿＿＿＿＿＿＿＿＿円

　債務内容…

（支払方法）
　　□　　　　年　　月から毎月　　日に金　　　　円ずつの分割支払い。
　　　　なお、端数は最終回に加算致します。

　　□　次の方法で支払います。

　上記の方法で貴組合ご指定の場所又は口座にお支払い致します。また、一部でも支払いを怠った場合は、当然に直ちに残金全額をお支払い致します。

　　　　年　　月　　日

　　　　　　　住所

　　　　　　　氏名　　　　　　　　　　　　　　印

[資料6] 委任状（公正証書作成・債務者用）

委任状
（公正証書作成・債務者用）

平成　年　月　日

○○農業協同組合　御中

　　　　　債　務　者　住　所　_____
　　　　　　　　　　　氏　名
　　　　　　　　　　　（名称・代表者）　　　　　実印
　　　　　　　　　　　　　　　　　　　　　　　　㊞

　　　　　連帯保証人　住　所　_____
　　　　　　　　　　　氏　名
　　　　　　　　　　　（名称・代表者）　　　　　実印
　　　　　　　　　　　　　　　　　　　　　　　　㊞

　　　　　連帯保証人　住　所　_____
　　　　　　　　　　　氏　名
　　　　　　　　　　　（名称・代表者）　　　　　実印
　　　　　　　　　　　　　　　　　　　　　　　　㊞

　　　　　　　　　　　　　　　　　　　　　　　　実印

　私は、_____を代理人と定め、下記契約条項による公正証書の作成を委任します。

記

　強制執行認諾条項付別紙記載の契約条項による公正証書の作成を嘱託するいっさいの件

以　上

使用上の注意事項〈「委任状（公正証書作成・債務者用）」〉
1 証書貸付による金銭消費貸借契約証書を公正証書とする場合の委任状の様式例である。
2 変動金利型の金銭消費貸借契約の場合「金銭の一定額の支払を目的とした請求」とはいえないので、債務名義にはならない（民事執行法22条5号）。また、執行承諾文言も付記できない。その場合には「強制執行認諾条項付」の文言を削除して用いる。
3 あらかじめ公証人と相談のうえ金銭消費貸借証書の案文（農協取引約定書の写しをとじ合わせて一つにし、割印する。）を作成し、委任状を添えて公証人に公正証書の作成を嘱託する。
4 公正証書作成を嘱託するにあたっては次のものを添付する。
 (1) 債務者および保証人が法人の場合はその代表者の資格を証する作成後6か月以内の書面
 (2) 債務者および保証人（法人である場合はその代表者）の作成後3か月以内の印鑑証明書または印鑑登録証明書
 (3) 代理人の作成後3か月以内の印鑑証明書または印鑑登録証明書

以　上

[資料7] 公正証書作成委任状

公正証書作成委任状 ※印鑑証明書添付のこと

　下記債権者は＿＿＿＿＿を、下記債務者及び連帯保証人は＿＿＿＿＿を代理人とし、以下の債務弁済条項に基づく強制執行認諾約款付公正証書の作成の嘱託、執行文付与、送達申請手続をする一切の権限を委任する。

債務弁済条項

第1条
　債権者と債務者は、債務者が債権者に対し平成　　年　　月　　日現在次の債務を負っていることを確認する。
　債務額　金　　　　　円
　（内訳）

第2条
　債務者は、債権者に対し、前条の債務を次の支払方法に従い債権者の指示する送金口座に送金して支払う。
　（支払方法）

第3条
　次の場合、債務者は、債権者の請求により期限の利益を失い、債権者に対し残額を一時に支払う。その場合、債務者は、年　　％の損害金を付して支払う。
　　1　債務者が前条の支払いを一部でも怠った場合
　　2　債務者が差押、仮差押又は仮処分を受けた場合
　　3　債務者が破産又は民事再生の申立をし又は受けた場合
　　4　債務者が振出した手形小切手が不渡りとなった場合

第4条
　連帯保証人は、債権者に対し、本契約から生ずる一切の債務を連帯して保証し、債務者と連帯して支払うことを約した。

第5条
　債務者及び連帯保証人は、本契約の支払を怠ったときは直ちに強制執行を受けても異議はない。

　　平成　　年　　月　　日

債　権　者	住所			
	（職業　　　）	氏名		実印
債　務　者	住所			
	（職業　　　）	氏名		実印
連帯保証人	住所			
	（職業　　　）	氏名		実印

[資料8] 債権届出の催告書

| 事件番号 | 平成○○年(ケ)第○○○○号 |

債権届出の催告書

利害関係人　　殿
　　　平成○○年○○月○○日
　　　　○○地方裁判所民事第○部
　　　　裁判所書記官　○　○　○　○

　別紙当事者目録記載の債権者の申立てにより、同目録記載の所有者が所有する別紙物件目録記載の不動産について、担保不動産競売の開始決定がされ、配当要求の終期が平成○○年9月15日と定められたので、その日までに、同封の「債権届出書」に下記の事項を記載して届け出るよう催告します。

記

1　債権（利息その他の附帯の債権を含む。）の存否並びにその原因及び額（「債権届出書」の記載例を参考にしてください。）
2　あなたが所有権の移転に関する仮登記の権利者であるときは、その仮登記が担保仮登記であるか否か

（出典）　阪本勁夫『不動産競売申立ての実務と記載例〔全訂3版〕』（金融財政事情研究会、2005年）18頁より筆者一部修正。

[資料9] 債権届出書

平成○○年(ケ)第○○○○号

債権届出書

平成○○年○○月○○日

○○地方裁判所民事第○部　御中

　〒○○○－○○○○　住所　○○県○○市○○区○○丁目○－○
　　　　　　　　　　氏名又は名称　株式会社○○銀行
　　　　　　　　　　代表者（代理人）　代表取締役　○○○○　㊞
　　　　　　　　　　電　話　○○（○○○）○○○○
　　　　　　　　　　FAX　○○（○○○）○○○○

下記のとおり債権の届出をします。

番号	債権発生の年月日及びその原因	元金現在額	登記の表示(仮差押えの場合は、併せて事件の表示)
1	○.4.1付消費貸借	5,000,000円	○.3.25受付第1234号 根抵当権
2	○.10.1付消費貸借	7,000,000円	
	合　計	12,000,000円	

元金番号	期間	日数	利率(特約等)	利息・損害金の別	利息・損害金現在額
1	○.10.1～完済		年14%	損害金	
2	○.6.1～○.6.30 ○.7.1～完済	30	年8% 年14%	利　息 損害金	46,027円
所有権移転に関する仮登記	□　担保仮登記である			□　担保仮登記でない	

（出典）　阪本勁夫『不動産競売申立ての実務と記載例〔全訂3版〕』（金融財政事情研究会、2005年）19頁より筆者一部修正。

[資料10] 配当要求書

① 有名義債権者の場合

配当要求書

印紙

○○地方裁判所民事第○部　御中
　　平成○○年○○月○○日
　　　　〒○○○-○○○○
　　　　　　○○市○○区○○町○丁目○番○号
　　　　　　　　　配当要求債権者　　株式会社　○○○○
　　　　　　　　　代表取締役　　○　○　○　○　㊞
　　　　　　　　　電　　話　　（○○○○）○○○○
　　　　　　　　　ＦＡＸ　　　（○○○○）○○○○

　配当要求債権者は、御庁平成○○年(ヌ)第○○号強制競売事件について配当要求をする。
　1　配当要求をする債権の原因及び額
　　　平成○○年○○月○○日付金銭消費貸借契約に基づく貸金
　　　元　本　5,000,000円
　　　損害金　平成○○年○○月○○日以降支払済みまで年6分の割合による損害金
　2　配当要求の資格
　　　配当要求債権者は、別添の執行力のある判決の正本を有する。

添付書類

　執行力のある判決の正本　　　　　　　　　　　　1通
　配当要求書副本　　　　　　　　　　　　　　　　2通

（出典）　阪本勁夫『不動産競売申立ての実務と記載例〔全訂3版〕』（金融財政事情研究会、2005年）21頁より筆者一部修正。

② 仮差押債権者の場合

配当要求書

印紙

○○地方裁判所民事第○部　御中
　平成○○年○○月○○日
　　　〒○○○−○○○○
　　　　　○○県○○市○○町○丁目○番○号
　　　　　　　　配当要求債権者　　○　○　○　○　㊞

　配当要求債権者は、御庁平成○○年(ヌ)第○○号強制競売事件について配当要求をする。
1　配当要求をする債権の原因及び額
　　別添仮差押命令正本記載のとおり
2　配当要求の資格
　　別紙物件目録記載の上記競売事件の目的不動産について、仮差押命令（○○地方裁判所平成○年(ヨ)第○○号）を得、○○法務局○○出張所平成○○年○○月○○日受付第○○号によりその登記を経た。
添付書類
　　　1　仮差押命令正本　　1通
　　　2　登記事項証明書　　1通
　　　3　配当要求書副本　　2通

（出典）　阪本勁夫『不動産競売申立ての実務と記載例〔全訂3版〕』（金融財政事情研究会、2005年）21〜22頁より筆者一部修正。

[資料11] 債務承認および免責的債務引受契約証書

印　紙
15号文書
(200円)

債務承認および免責的債務引受契約証書

　　　　　　　　　　　　　　　　　　平成　　年　　月　　日

○○農業協同組合　御中

　　　　　被　相　続　人　　住　所　＿＿＿＿＿＿＿＿＿＿＿＿＿
　　　　　　　　　　　　　　氏　名　＿＿＿＿＿＿＿＿＿＿＿＿＿

　　　　相続人兼債務引受人　住　所　＿＿＿＿＿＿＿＿＿＿＿＿＿
　　　　　　　　　　　　　　氏　名　＿＿＿＿＿＿＿＿＿＿＿＿㊞

　　　　　相　　続　　人　　住　所　＿＿＿＿＿＿＿＿＿＿＿＿＿
　　　　　　　　　　　　　　氏　名　＿＿＿＿＿＿＿＿＿＿＿＿㊞

　　　　　相　　続　　人　　住　所　＿＿＿＿＿＿＿＿＿＿＿＿＿
　　　　　　　　　　　　　　氏　名　＿＿＿＿＿＿＿＿＿＿＿＿㊞

　　　　　連　帯　保　証　人　住　所　＿＿＿＿＿＿＿＿＿＿＿＿＿
　　　　　　　　　　　　　　氏　名　＿＿＿＿＿＿＿＿＿＿＿＿㊞

　　　　　担　保　提　供　者　住　所　＿＿＿＿＿＿＿＿＿＿＿＿＿
　　　　　　　　　　　　　　氏　名　＿＿＿＿＿＿＿＿＿＿＿＿㊞

第1条
　　被相続人＿＿＿＿が平成＿＿年＿＿月＿＿日死亡したので、その相続人は、平成＿＿年＿＿月＿＿日付金銭消費貸借契約証書（以下「原契約」という。）に基づき農業協同組合（以下「組合」という。）に対して被相続人が負担していたいっさいの債務について、各人の法定相続分に応じてそれぞれ分割して承継しました。
　　　　　ただし、現在債務額　金　　　　　　　　円也
　　　　　　　内訳　元金　金　　　　　　　　円也
　　　　　　　　　　利息　金　　　　　　　　円也
　（平成　　年　　月　　日から平成　　年　　月　　日まで年　　％の割合による。）

第2条
 ① 相続人兼債務引受人＿＿＿＿＿＿（以下「債務引受人」という。）は、他の相続人が相続分に応じて承継した各債務について、その同一性を維持してこれを引き受け、今後前条記載の債務の全額について原契約ならびにこの契約の各条項に従い債務履行の責に任ずるものとします。
 ② 債務引受人を除く相続人は、各自が相続分に応じて承継した各債務を債務引受人が引き受けたことにより、今後その責を免れ債務関係から離脱します。

第3条
 連帯保証人は、この契約を承認し、原契約およびこの契約に基づき債務引受人が組合に対し負担するいっさいの債務について債務引受人と連帯して保証の責に任ずるものとします。

第4条
 担保提供者は、原契約を担保するために後記の物件に設定した抵当権が引き続き存続することを承認し、ただちに前記抵当権の付記による債務者変更の登記を行います。

以　上

記

物件の表示	順位番号	所有者

(農協使用欄)

係　印	印鑑照合	検　印

使用上の注意事項〈「債務承認および免責的債務引受契約証書」〉
1 使用目的
　これは、債務者の死亡に伴い、各相続人が法定相続分に応じて相続した後、相続人の特定の者が免責的債務引受をする場合に使用する。
2 留意事項
(1) 相続人兼債務引受人、相続人、連帯保証人、および担保提供者の全員に自署・押印させる。
(2) 実印を押印する場合は、作成後3か月以内の印鑑証明書を添付させる。
(3) 保証が根保証の場合は、第3条を次のとおり修正する。ただし、相続人兼債務引受人が引き受けた債務の確定保証となることに注意すること。なお、相続人兼債務引受人が今後の組合との取引による債権を連帯保証人に保証させる場合は、改めて根保証契約を締結すること。

> 　連帯保証人　　　　　　　は、平成　　年　　月　　日付保証書（以下「保証書」という。）に基づき、被相続人が組合に負担していた第1条記載の債務を極度額　　　　　円の範囲で連帯保証しているが、この契約を承認のうえ、引き続き債務引受人がこの契約に基づき引き受けた債務およびこれに付帯するいっさいの債務について、この契約および保証書の各条項に従い、極度額　　　　　円の範囲で、債務引受人と連帯して保証の責に任ずるものとします。

(4) 債権保全上必要なため、免責した相続人を連帯保証人とするときは、第2条②の後に「③　債務引受人を除く相続人は、債務引受人の債務を連帯して保証します。」を追加する。

以　上

[資料12] 債務承認および重畳的債務引受契約証書

印　紙
15号文書
（200円）

債務承認および重畳的債務引受契約証書

平成　　年　　月　　日

○○農業協同組合　御中

被　相　続　人　　住　所
　　　　　　　　　氏　名

相続人兼債務引受人　住　所
　　　　　　　　　　氏　名　　　　　　　　　㊞

相　続　人　　住　所
　　　　　　　氏　名　　　　　　　　　㊞

相　続　人　　住　所
　　　　　　　氏　名　　　　　　　　　㊞

連　帯　保　証　人　住　所
　　　　　　　　　　氏　名　　　　　　　　　㊞

担　保　提　供　者　住　所
　　　　　　　　　　氏　名　　　　　　　　　㊞

第1条
　被相続人　　　　　が平成　　年　　月　　日死亡したので、その相続人は、平成　　年　　月　　日付金銭消費貸借契約証書（以下「原契約」という。）に基づき　　　　　農業協同組合（以下「組合」という。）に対して被相続人が負担していたいっさいの債務について、各人の法定相続分に応じてそれぞれ分割して承継しました。
　　　ただし、現在債務額　金　　　　　　円也
　　　　内訳　元金　金　　　　　　円也
　　　　　　　利息　金　　　　　　円也
　（平成　年　月　日から平成　年　月　日まで年　　％の割合による。）

第2条

　相続人兼債務引受人＿＿＿＿＿（以下「債務引受人」という。）は、他の相続人が相続分に応じて承継した各債務について重畳的に引き受け、今後前条記載の債務の全額について、原契約ならびにこの契約の各条項に従い債務履行の責に任ずるものとします。

第3条

　連帯保証人は、この契約を承認し、原契約およびこの契約に基づき債務引受人が引き受けた債務、ならびに各相続人が相続により承継した債務のいっさいについて各相続人と連帯して保証の責に任ずるものとします。

第4条

　担保提供者は、原契約を担保するために後記の物件に設定した抵当権が引き続き存続することを承認し、ただちに前記抵当権の付記による債務者変更の登記を行います。

以　上

記

物件の表示	順位番号	所有者

（農協使用欄）

係　印	印鑑照合	検　印

使用上の注意事項〈「債務承認および重畳的債務引受契約証書」〉
1 使用目的
　　これは、債務者の死亡に伴い、各相続人が法定相続分に応じて相続した後、相続人のうちの特定の者が重畳的債務引受をする場合に使用する。
2 留意事項
(1)　相続人兼債務引受人、相続人および連帯保証人全員に自署・押印させる。
(2)　実印を押印する場合は、作成後3か月以内の印鑑証明書を添付させる。
(3)　保証が根保証の場合は、第3条を次のとおり修正する。ただし、相続人兼債務引受人が引き受けた債務の確定保証となることに注意すること。なお、相続人兼債務引受人が今後の組合との取引による債権を連帯保証人に保証させる場合は、改めて根保証契約を締結すること。

> 　連帯保証人　　　　　　は、平成　　年　　月　　日付保証書（以下「保証書」という。）に基づき、被相続人が組合に負担していた第1条記載の債務を極度額　　　　円の範囲で連帯保証しているが、引き続きこの契約を承認のうえ、債務引受人が、この契約に基づき引き受けた債務ならびに相続人が相続により承継した債務のいっさいについて、この契約および保証書の各条項に従い、連帯して保証の責に任ずるものとします。

(4)　特定の相続人に債務引受をさせることができない等の理由で相続人全員に重畳的債務引受をさせる場合は、相続人全員を「相続人兼債務引受人」と表記し、第2条は、「各相続人は、相続分に応じて承継した各債務について重畳的に引き受け、今後前条記載の債務の全額について、原契約ならびにこの契約の各条項に従い連帯して債務履行の責に任ずるものとします。」と修正する。

　　　　　　　　　　　　　　　　　　　　　　　　　　　　以　上

おわりに

　本書のもととなったのは、平成3年に宮城県農業協同組合中央会と宮城県信用農業協同組合連合会の共催で始まった債権管理回収研修で、同研修は、農林中央金庫仙台支店に引き継いでいただいて現在まで続いています。

　毎年秋から冬頃にJA学園宮城で丸2日間、おおむね本書のような内容で設例を受講生に質問しながら行ってきており、受講生の反応や法律の改正をふまえてバージョンアップを重ねてきておりました。

　なるべくわかりやすくと心がけていたのですが、平成10年頃に注意点を格言のような標語にすると記憶に残るのではないかとの意見があり、格言と称する標語を作成して各章の締めに受講生と唱和するスタイルとなりました。

　いつかは書籍化したいと考えていたのですが、一般社団法人金融財政事情研究会のご理解を得てやっと出版にこぎつけました。

　講師として研修を行う場を設けていただいてきた宮城県農業協同組合中央会、宮城県信用農業協同組合連合会および農林中央金庫仙台支店の担当者の方々、研修でいろいろと発言してくださった宮城県県内のJAの職員の方々、校正の際に貴重な意見をいただいた太田響先生、そして辛抱強く原稿を待っていただいた一般社団法人金融財政事情研究会の池田知弘氏に感謝し、筆を置きます。

【著者略歴】

官澤　里美（かんざわ　さとみ）

官澤綜合法律事務所所長・弁護士
東北大学法科大学院教授
　　昭和32年12月　宮城県の農家の長男として出生
　　昭和58年 3 月　東京大学法学部卒業
　　昭和58年10月　司法試験合格
　　昭和61年 4 月　弁護士登録
　　平成 4 年 1 月　官澤法律事務所を独立開設
　　平成16年 4 月　東北大学法科大学院の教授に就任
　　平成21年 6 月　事務所移転・事務所名を官澤綜合法律事務所と変更

JA債権回収の実務

平成29年 3 月30日　第 1 刷発行

　　　　　　　　　　　著　者　官　澤　里　美
　　　　　　　　　　　発行者　小　田　　　徹
　　　　　　　　　　　印刷所　三松堂印刷株式会社

〒160-8520　東京都新宿区南元町19
　発　行　所　一般社団法人 金融財政事情研究会
　　　　　編 集 部　TEL 03(3355)2251　FAX 03(3357)7416
　　　販　　売　株式会社きんざい
　　　　　販売受付　TEL 03(3358)2891　FAX 03(3358)0037
　　　　　URL http://www.kinzai.jp/

・本書の内容の一部あるいは全部を無断で複写・複製・転訳載すること、および
　磁気または光記録媒体、コンピュータネットワーク上等へ入力することは、法
　律で認められた場合を除き、著作者および出版社の権利の侵害となります。
・落丁・乱丁本はお取替えいたします。定価はカバーに表示してあります。

ISBN978-4-322-13065-2